En Bresse autrefois...
Souvenirs de la vie d'antan

Graveurs de mémoire

Cette collection, consacrée à l'édition de récits de vie et de textes autobiographiques, s'ouvre également aux études historiques. Depuis 2012, elle est organisée par séries en fonction essentiellement de critères géographiques mais présente aussi des collections thématiques.

Déjà parus

Atchénémou (Avocksouma Djona), *Enterrons la veuve avec l'enfant. Orphelin en pays tchadien*, 2013.

Benacerraf (Armand), *Cardiologue et cardiaque. Au cœur d'une vie*, 2013.

Brovelli (Claude), *De l'AFP à la télé, mes sept vies sur les points chauds du globe*, 2013.

Barbe (Jean- Edouard), *Cinquante ans au Quartier latin. Une vie en musique et en chansons*, 2013.

Cathelin (Anne), *La Joselito à l'âge d'or du flamenco. Ethnologie d'une passion,* 2013.

Mero (Yannette), *La petite fille des baraquements. Une enfance à Saint-Nazaire*, 2013.

Pochulu (Marie-Françoise), *Lucien Bertin, un Français d'Egypte. Les routes de l'exil*, 2013.

Gualezzi (Jean-Pierre), *Flic et humaniste. Parcours d'un syndicaliste de la Fonction publique*, 2013.

Ces huit derniers titres de la collection sont classés par ordre chronologique en commençant par le plus récent.
La liste complète des parutions, avec une courte présentation du contenu des ouvrages, peut être consultée sur le site www.harmattan.fr

Adeline Culas

En Bresse autrefois... Souvenirs de la vie d'antan

Récits de vies :
Colette et Gérard Basset
Ginette et Robert Basset

Préface de François Belay

L'Harmattan

5-7, rue de l'École-Polytechnique, 75005 Paris

http://www.harmattan.fr
diffusion.harmattan@wanadoo.fr
harmattan1@wanadoo.fr

ISBN : 978-2-343-01497-5
EAN : 9782343014975

À mes parents
À mes grands-parents

Avertissement

Cet ouvrage est le fruit de rencontres.

Une première rencontre d'abord, basée sur une erreur de personne entre un homme désireux de livrer ses savoirs et souvenirs à un nom dans un journal signant des articles intitulés « Traditions Bressanes ». Derrière ce nom ne se cachait pas une personne d'un âge avancé relatant son passé mais une jeune femme passionnée par sa région désireuse d'appréhender ce qu'était la vie autrefois par la mémoire de ceux l'ayant vécue.

Après cette première rencontre, une relation de confiance s'est instaurée et aux souvenirs de l'homme sont venus s'ajouter ceux de son épouse, d'amis, tous membres d'une association dont le but est de faire revivre la langue et les gestes d'antan. Ces gestes, ces connaissances, ces hommes et ces femmes les ont vécus directement ou les ont connus par l'intermédiaire de leurs propres parents et entourages lorsqu'ils étaient enfants.

C'est pour redonner vie à ce passé, pour ne pas oublier – ne pas oublier les gestes, les mots, les savoirs, les personnes – et pour rendre hommage à ces transmetteurs du patrimoine que ce recueil a été écrit.

Parce que la mémoire est sélective, des imprécisions, des imperfections, des oublis peuvent survenir.

Parce que la mémoire est plurielle, à un souvenir vient se raccrocher un autre, puis encore un autre, et ainsi de suite. C'est pourquoi il est difficile de séquencer la vie de nos Bressans en chapitres thématiques nets et précis ; d'autant que ni le quotidien ni la vie ne peuvent réellement être séquencés.

Ainsi, au fil des pages de cet ouvrage, mais surtout au fil des souvenirs de ceux qui en sont les auteurs, vous découvrirez ou redécouvrirez ce que pouvait être la vie au début du 20ème siècle dans un village de Bresse du sud, entre faits personnels, anecdotes et souvenirs restés intacts ou ressurgis le temps d'une conversation.

Préface

C'est avec plaisir que j'ai accepté de préfacer ce beau livre que vous avez entre les mains. Plaisir et fierté, oserai-je le dire ! Adeline Culas m'en a jugé digne et je dois bien avouer que ce choix m'honore au plus haut point.

Adeline ! Comment refuser du reste quoique cela soit à cette jeune femme de culture et de bien qui se positionne de manière naturelle et altruiste en passionaria de la Bresse ? Tout à la fois historienne férue de traditions et femme de son temps actrice de son territoire, Adeline est la parfaite incarnation de ces êtres lucides et engagés qui savent bien que l'avenir se construit au présent, lequel ne saurait s'amender du passé.

Elle a su apprivoiser (ce n'était certes pas le plus difficile !) mais surtout écouter des témoins de cette Bresse d'hier. Des gens modestes qui se veulent ordinaires, n'étaient-ce l'acuité et la précision de leurs souvenirs, égrenés comme on dépillait autrefois une panouille de maïs. Colette et Gérard, Ginette et Robert, quatre bressans qui nous parlent d'un temps que les moins de 20 ans ne peuvent pas connaître ! Et pourtant... Quelle leçon de vie tout au long des 130 pages de cet ouvrage !

Et surtout, en filigrane, un passionnant parcours dans cette vie quotidienne du siècle dernier, si proche et si lointaine finalement.

Toutes ces choses simples devenues étonnantes aujourd'hui, ces rendez-vous banals, ces faits marquants, ces petits riens et ces grands "touts" qui ont tracé et balisé notre région, son paysage, ses coutumes, ses habitants et leur devenir.

Écoutez-les à votre tour, ces merveilleux conteurs.

Si, comme moi, vous avez baigné dans cette Bresse d'hier, dans le sillage d'aïeux paysans et de grands-parents artisans et commerçants, vous serez en pays de connaissance(s). Sans nostalgie larmoyante, mais le cœur chaud et l'âme en joie, vous revivrez alors ces parfums d'une enfance que l'on n'oublie jamais.

Et si, urbain ou rurbain de longue date, rien ne vous rattache à cette Bresse d'hier, laissez-vous guider par la vielle, les conscrits, la vogue et les travaux des champs. Il n'y a rien de futile ni de désuet dans ces instantanés. Les racines de nos arbres de vie se trouvent dans cet ouvrage de généalogie collective.

Et si la vraie modernité n'était rien d'autre que cette transmission séculaire d'un passé qui se recompose sans cesse ? Et qu'importe le support ! Qu'elle soit véhiculée par la veillée hier, les livres aujourd'hui et les courriels demain, la mémoire est vitale. On se construit bien quand on sait d'où l'on vient.

Ainsi, à contre-courant de la communication moderne où les réseaux sociaux omniprésents n'empêchent nullement un sentiment répandu de solitude, d'isolement et d'individualisme, ce livre, sans prétention, sans donner de leçon, est une très belle pierre dans l'édifice du savoir de chaque habitant de ce territoire.

Un Bressebook à l'heure de Facebook ! À dévorer comme on déguste une volaille de Bresse à la crème, goulûment et sans modération.

Alors, bon appétit à vous !

François Belay,
Président de l'Académie de la Bresse

« Je suis né en 1926… »

En ce temps là, il n'y avait pas de téléphone, pas d'électricité, on tirait l'eau du fond du puits avec un seau, les chemins étaient très peu empierrés, par contre on avait des services de proximité qui étaient le boulanger, le marchand de vin, le meunier.

Au hameau, il y avait plusieurs arrêts. Les femmes, quand elles entendaient le coup de trompette de l'épicier, commençaient à aller se rejoindre pour papoter un peu…

Un jour, l'une d'elles – la plus proche voisine de mes parents – annonça une nouvelle, mais il fallait le dire à personne… C'est que « la Marie », ma mère, elle croyait bien qu'elle pouponnait car elle avait un peu épié son étalage de linge et elle n'avait pas vu ses « *pattes* » (serviettes menstruelles).

Et puis, au bout de quelque temps, quelques mois, ma mère décida d'aller voir la sage-femme à Beaupont, à 12 km. Un matin, elle prit sa bicyclette et alla consulter. Quand elle revint, les choses étaient plus claires : ça pourrait être pour le début juin.

La future maman devait être très occupée à ce moment-là. Son souci était de préparer une layette, des petites brassières faites à la main, qu'elles soient en tissu ou tricotées, des petits draps brodés, très beaux, très bien faits. La préparation de la bercelonnette se faisait sans doute quelques semaines avant l'arrivée du bébé.

- Pour moi, je sais qu'on avait acheté un berceau, donc il a certainement fallu l'habiller mais ce n'était pas le cas pour tous les enfants car en ce temps-là on se prêtait beaucoup : même la layette parfois était prêtée, ou donnée.

La layette du bébé c'était les drapeaux, « *le rulles* » taillés dans de vieux draps. Il y avait également le lange épais, « le molleton », sorte de petite couverture que l'on devait acheter. Pour relier tout cela ensemble il y avait « *lou mailloule* » petit corset de toile avec des boucles de chaque côté et que l'on reliait à l'aide d'un grand cordon. Le bébé se trouvait ainsi « saucissonné » comme un petit Jésus.

Il y avait les petites brassières en tissu fin et d'autres plus chaudes tricotées avec de la laine. Et puis le bavoir était brodé avec des petites dentelles. C'était tout fait à la main : de vrais petits chefs-d'œuvre !

À mesure que la nouvelle se répandait, les offres de parrains et marraines se faisaient parmi les amis, les voisins, les cousins. Le choix était très difficile à faire car la demande était forte : souvent les grands-mères donnaient la main pour ces choses-là.

- Comme il y avait plus d'offres qu'il n'en fallait, on avait les « parrains et marraines babillards » : ça contentait deux autres personnes ! Et puis il y avait le porteur de bébé : on en choisissait un parmi tout le monde.

- Et puis s'est proposé aussi « le Tonton Gène » qui s'est offert pour aller chercher la sage-femme. Car « le Tonton

Gène » avait une voiture à cheval bien équipée : il avait un tablier de cuir qui se rabattait sur les genoux, il avait un grand parapluie bleu et une grosse lanterne à bougie sur le côté de la voiture.

Un soir, on a eu recours au « Tonton Gène » qui aussitôt a attelé le cheval et est parti chercher la sage-femme. Dans ces temps, il n'y avait pas d'autres moyens pour prévenir. Si, lorsque l'on arrivait, elle était déjà sur un accouchement, il fallait attendre jusqu'à ce que ce soit terminé.

- Des fois, le bébé arrivait avant la sage-femme mais dans le village il y avait toujours des femmes qui avaient fait plusieurs accouchements et qui donnaient la main ; alors on attendait que la sage-femme arrive pour donner les derniers soins.

- En ce qui me concerne, lorsqu'ils sont revenus, ça avait dû bien se passer !

Le jour est arrivé et il y avait encore deux choses importantes à faire : la déclaration à la mairie et la lavandière qui était demandée. C'était dans les premières urgences.

- Je sais que pour la déclaration à la mairie, il fallait deux témoins : les témoins étaient choisis, la plupart du temps, parmi les plus proches du secrétariat. Ils ne savaient pas grand-chose mais ils témoignaient quand même !

- Après le témoignage, il fallait arroser l'évènement. Ils allaient donc au bistrot. Le long du chemin, des habitants demandaient si la santé était bonne alors il fallait les inviter : ça durait jusque bien au-delà de l'après-midi... Je sais que mon père est rentré assez tard dans l'après-midi :

il se rappelait bien de mes trois noms mais plus l'ordre ! Enfin, de toute façon, quand il est arrivé à la maison, la soupe était froide mais tout le monde était content !

Malheureusement, une naissance ne se passait pas toujours aussi bien : il y avait beaucoup d'accidents au moment de la naissance dus à des hémorragies, à des infections. Parfois la mère et le petit mouraient ensemble, parfois le petit était sauvé.

Parfois le père avait des initiatives heureuses : par exemple, ce père de famille qui a cassé la glace de la mare pour la mettre sur le ventre de sa femme qui faisait une hémorragie et l'a ainsi sauvée.

Pendant la guerre, la circulation était difficile à cause du couvre-feu : certaines sages-femmes venaient coucher plusieurs soirs de suite chez la future maman pour être sûres d'être là au moment de la naissance.

Le baptême

Évidemment, dès la naissance, il fallait penser au baptême qui devait se faire dans les huit jours, éventuellement dans le mois qui suivait. Impérativement : sinon les cloches ne sonnaient pas ! Et même en cas de malheur, quand l'enfant était mort-né, on demandait au curé de venir ondoyer le bébé pour lui donner des chances dans l'au-delà. Parfois même, c'était une voisine qui venait mettre de l'eau bénite, récupérée dans le bénitier le jour des rameaux, sur le petit mort-né. Malheureusement cela arrivait assez souvent !

Le baptême était une opération importante qui mobilisait bien sûr le curé, les enfants de chœur et le bedeau qui sonnait les cloches plus ou moins longtemps selon combien on le payait. Et bien sûr les parrains et marraines qui devaient lancer des dragées à tous les enfants du village pendant que les cloches sonnaient à toute volée.

La maman n'assistait pas au baptême. Elle donnait à téter à son bébé juste avant le départ. La cérémonie durait un certain temps et puis la deuxième partie de la cérémonie qui se déroulait au café était encore plus longue et en présence du bedeau, du curé, des amis. On ramenait à la maman un bébé affamé qui pleurait beaucoup. Pendant ce temps, elle avait préparé le repas et attendait le retour avec impatience pour donner une tétée à son bébé.

Le bébé était porté dans un hamac pendu en bandoulière, posé sur un oreiller. Souvent il était porté par des jeunes assez costauds car c'était assez pénible de le tenir ainsi deux heures d'affilée.

- Et pendant que le porteur portait son bébé, il fallait que les parrains bis, les parrains babillards « babillent » c'est-à-dire qu'ils fassent des petites prières sinon le bébé allait baver toute sa vie... Mais je crois que beaucoup ont bavé quand même...

Les parrains, à partir du moment où le baptême était fait, devenaient « compère » et « commère » entre eux et avec les parents du bébé. En cas de défaillance des parents, ce sont eux qui devaient assurer l'éducation et l'avenir de l'enfant d'un point de vue matériel et moral.

- Les parrains et marraines babillards étaient en somme des suppléants du parrain officiel. Mais c'était plus pour le folklore et pour donner satisfaction à des demandeurs de parrainage : pour ne pas vexer. Mais après le baptême, ils ne s'appelaient jamais plus par leur nom ou leur prénom : c'était « compère » et « commère ». Il n'y avait que des compères et des commères car souvent il y avait des familles nombreuses alors ça faisait des relations croisées avec toute la commune, toute la paroisse et même plus loin.

Lorsque le bébé était enfin rassasié, la maman devait servir le repas, aidée d'une grand-mère ou d'une sœur qui venait pour l'occasion. Le menu du baptême était souvent le même : un potage à la poule, la poule avec des légumes, on pouvait faire un lapin en sauce – pas vraiment un civet – les légumes, des haricots à la crème, un rôti avec de la salade et puis du fromage, des fruits avec une brioche.

Le papa s'était fendu d'un tonneau de vin : au lieu de prendre du 9°, il avait mis du 9,5 – peut-être qu'il allait jusqu'au 10°... Après tout ça, il y avait le café ; pas de mousseux, pas de champagne, mais une bonne goutte après le café. Et rebelote pour la goutte, ou les cerises pour les dames.

- Et les messieurs prenaient des cerises, ça ne les gênait pas : après avoir bu une bonne gnôle, ils finissaient le bocal de cerises des dames !

Et bien souvent les chansons partaient, et la maman fatiguée attendait quand même que tout le monde s'en aille pour s'attaquer à la montagne de vaisselle : mais ça pouvait durer longtemps ! Et parfois, quand ils avaient terminé, ils faisaient la tournée des voisins et ça continuait jusqu'au petit matin...

Elle avait pour l'occasion sorti sa belle vaisselle, sa nappe blanche, ses serviettes blanches qu'elle avait soigneusement repassées, elle y avait passé beaucoup de temps et quand tout le monde était parti, elle se retrouvait avec toute sa lessive et toute sa vaisselle. Mais le bébé était bien baptisé ! C'était l'essentiel !

L'après baptême et la petite enfance

Après le baptême, on peut espérer que la maman n'était pas trop fatiguée et qu'elle pouvait continuer à allaiter son bébé. L'allaitement se poursuivait le plus longtemps possible : la régulation des naissances se faisait par l'allaitement, qui était souvent complété par du lait de vache ou de chèvre. Si les vaches n'étaient pas toujours bien saines, on prenait la précaution de bien faire bouillir le lait. Le lait de certaines vaches était même éliminé d'office car trop gras donc difficile à digérer : au départ, on coupait le lait avec de l'eau.

Beaucoup de bébés mouraient tout de même jeunes pour des raisons diverses : d'épidémies, de malnutrition peut-être aussi, ou pour des raisons d'hygiène car dans certaines familles le bébé n'était pas gâté ! Il n'y avait pas d'antibiotiques à l'époque donc une infection pouvait dégénérer.

- La bronchite dentaire était catastrophique, la dysenterie aussi – on appelait ça la toxicose : c'était terrible ! J'ai un cousin germain qui est mort de toxicose. On parlait beaucoup aussi de convulsions : c'était les grosses fièvres qui donnaient les convulsions. D'ailleurs, il y avait une fête, « la fête des convulsions », le 25 janvier.

- Ton cousin Emile disait : « Je ne comprends pas que l'on fasse la fête des convulsions parce que c'est le jour où le christ s'est converti : ça n'a rien à voir »[1]. Et puis le dernier de ses enfants avait fait des convulsions alors après il a fait lui aussi la fête.

Concernant l'allaitement, il y avait des nourrices à la campagne qui récupéraient des bébés, ou des nourrices qui partaient en ville dans les maisons bourgeoises. Il y avait quelques dames au bourg de Saint-Nizier qui ont élevé des bébés comme ça. Elles étaient payées, ça leur faisait un petit salaire. Certaines allaitaient et d'autres récupéraient des bébés en bas âge et elles s'en occupaient comme de leurs enfants.

Les parents ne venaient pas souvent les voir car c'était compliqué pour venir jusque dans les campagnes : des gamins voyaient leurs parents deux fois par an, au maximum. D'autres parents les abandonnaient carrément. De beaucoup de gosses on a dit : « Ils étaient de l'assistance » car ils avaient été mis dans les familles, puis adoptés quasiment par les gens. Cela faisait partie de la misère d'autrefois. Certains ont fait souche ici.

- Certaines familles vivaient de ces aides apportées par l'Assistance ou par les mises en nourrice, ce qui était différent.

- Il y avait tous les cas de figure de toute façon : ceux qui prenaient des enfants et les adoptaient et ceux qui en prenaient pour avoir des bras en plus à faire travailler. Dans les années 1930, ils étaient nombreux les enfants de l'Assistance à venir à l'école avec nous. Certains avaient été abandonnés, d'autres avaient été retirés très tôt de leur famille parfois misérable. Et puis il y avait les enfants

---

[1] Il y a eu en effet amalgame entre conversion et convulsion dans la pensée populaire.

naturels, les enfants de bonnes que le patron voulait éloigner...

- Tous étaient dans des familles très pauvres d'ailleurs. Mais il y avait un suivi très sérieux avec des assistantes sociales. Après il y a eu les pupilles de la nation, ceux dont les parents ont été tués pendant la guerre, par des bombardements notamment.

- La plupart devaient venir de Lyon... Enfin, on ne connaissait tellement rien d'autre que notre campagne que pour nous, tout venait de Lyon !

- Dans le cas des nourrices, à Lyon, il y avait beaucoup de familles riches et ici beaucoup de demandes donc cela alimentait la présence de ces enfants chez nous.

- La « Mémé Gaillard » a élevé des enfants toute sa vie. Mes deux frères aînés sont allés chez elle en nourrice. Elle était très aimée des enfants, elle s'en occupait très bien. Dans sa chambre il y avait son lit et plein de petits lits pour tous les enfants qu'elle élevait.

- Dans un autre genre, il y avait « la Pacaude » ici à Béroude. Elle gardait une personne handicapée mentale, « la Mélanie ». Un jour, elle est restée enfermée dans l'église. La Pacaude lui avait demandé d'aller chercher de l'eau bénite. Mélanie prit envie d'aller faire une prière à la Sainte Vierge dans la petite chapelle. Pendant qu'elle priait, le marguillier est venu fermer : il ne l'a pas vue et l'a enfermée dans l'église.

Elle a paniqué, bien sûr mais personne ne l'a entendue durant la nuit. Elle a essayé de casser une vitre, un vitrail, mais derrière il y avait une structure métallique. On se souvient de cette histoire car dans le village tout le monde voyant ce vitrail disait : « C'est la folle de Béroude qui l'a cassé ».

- La Pacaude l'envoyait aussi glaner dans les champs. C'était autorisé à cette époque mais les champs étaient tellement ratissés qu'il restait quelques épis parfois dans les « *bairaignons* [2]» et aux branches des arbres lorsque le char passait dessous.

Avant d'arriver jusqu'à l'école, il fallait apprendre à marcher – et avec des sabots ! Il y avait quand même des accessoires pour faire marcher les bambins : le « *tin-te-bin* », ce qu'on appelle maintenant le trotteur mais il n'y avait qu'une manœuvre : aller-retour. C'était mieux que rien et ça permettait d'apprendre à marcher, et quand ils étaient fatigués, ils se laissaient aller… Et les parents avaient la paix un petit moment.

- Là on parle du premier enfant, mais il était rapidement suivi du deuxième, puis du troisième, puis du quatrième et ainsi de suite.

- J'ai une anecdote d'ailleurs pouvant illustrer la misère des femmes de l'époque. Ma mère a eu beaucoup d'enfants : tant que les aînés n'étaient pas capables de l'aider, il fallait qu'elle se débrouille. Quand elle accouchait – à la maison, bien sûr – au bout de trois jours, mon père, qui n'était pas un homme d'intérieur, n'en pouvait plus, ne savait plus où donner de la tête. Il allait trouver ma mère et lui disait : « *S'te puis, live te don, é bin trou la misère !* (Si tu peux, lève-toi donc : c'est trop la misère !)». Il était dépassé et faisait des choses qu'il ne faisait pas d'habitude et puis trois quatre gamins, qui pleuraient, l'autre qui était malade, l'autre à qui il fallait faire à manger…

---

[2] Talus en bordure de champs

C'était comme ça ! Il y a des mères qui ont gagné leur paradis, s'il existe ! Et puis maintenant, on essaye de consoler un gamin, on lui met la sucette, mais avant ça n'existait pas ! Ils se suçaient le pouce ou ils avaient un petit « *brelot* », une petite tétine comme on mettait sur les biberons : je me souviens qu'on disait : « *Baille li don son tete.* (Donne-lui donc sa tétine!) ».

Mais avant le caoutchouc, qui n'est pas si vieux que ça, ils devaient sucer le pouce, ou un coin de drap, etc. Mais tous avaient déjà ce qu'on pourrait appeler un doudou, une « *patte* », une petite poupée.

Dans certaines familles on mettait systématiquement du sucre sur la tétine pour avoir la paix, longtemps, et le sucre découpait dans les dents du bébé un rond bien rond : chose à ne pas faire.

Il arrivait que la maman n'ait pas de lait du tout ou l'impossibilité d'allaiter. Dans ce cas on faisait appel à une voisine, une belle-sœur pas trop éloignée qui allaitait jusqu'à ce que le bébé puisse manger à la cuiller des bouillies au lait de chèvre ou de vache.

Le bébé, soit il tétait longtemps sa mère, soit il avait du lait de vache ou de chèvre mais un jour, de toute façon, il fallait le sevrer et cela se faisait en général très progressivement.

Peu à peu, il s'habituait à manger ce que tout le monde mangeait à table : la soupe, des gaudes, du « *dain-né* ». Les mères mastiquaient un peu la nourriture parce que le bébé ne pouvait pas mâcher, un peu de viande, un peu de haricots… jusqu'à ce qu'il puisse manger tout seul. Mais bien longtemps le bébé était nourri sur les genoux de sa mère et avec la même cuillère.

Après il commençait à parler. Bien souvent il n'apprenait que le patois parce que tout le monde le parlait : il y avait alors un problème lorsqu'il arrivait à l'école à 5 ans et qu'il ne parlait que patois.

Concernant l'habillement, les petits garçons portaient des robes jusqu'à trois ans à peu près. Comme il n'y avait pas de couches, une robe était plus pratique qu'une barboteuse qui était tout de suite mouillée, tout de suite sale.

- Ça devait aussi être pour des questions économiques : filles et garçons d'une même famille portaient ainsi les mêmes vêtements au départ. C'était simplifié : pieds nus dans la cour, avec une robe et puis rien dessous.

Chose très importante quand les enfants commençaient à marcher : la mare ! De nombreux jeunes enfants ont péri noyés dans la mare… Qui n'a pas dit : « Ne va pas à côté il y a un serpent, et la « mère-en-gueule » dans le puits ! » C'était pour faire peur ! La mare n'était pas protégée et toujours à proximité de l'étable : il y avait des mares partout !

- C'est à se demander comment ils nous ont gardé tous !

- Je me souviens avoir vu mon père et mes frères ainés, parce qu'un des petits avait disparu, prendre un râteau et chercher au fond des mares pour voir s'il n'était pas tombé dedans. Et ma mère qui se lamentait !... Et en fait le gamin s'était endormi sur la voiture à ressorts !

Les gamins s'amusaient bien à cette époque car il y avait beaucoup d'enfants dans le même quartier : on courait dans les champs, on grimpait aux nids, on allait pêcher à la rivière à mains nues, on faisait n'importe quoi ! On avait conscience des risques mais on prenait nos responsabilités : on ne laisserait pas faire à des petits maintenant ce que nous avons fait. On laissait les petits sous la surveillance du plus grand qui n'avait pas dix ans.

- Il y avait dans un hameau de Curciat, une petite fille qui s'est assise sur la « langue » du poêle [3] : sa robe a pris feu, alors le grand frère l'a prise et l'a roulée dans la boue mais c'était trop tard, si bien que la petite fille est morte au matin.

- Mais oui, pendant le pansage, il fallait que les parents soient présents tous les deux à l'étable : les enfants étaient donc seuls à la maison.

- Nous étions beaucoup laissés en liberté alors que le feu était présent partout : il y avait toujours quelque chose qui bouillait sur le feu, soit de l'eau, soit des gaudes. Il y a eu beaucoup d'accidents de ce côté-là... Deux de mes amis de mon âge et ma petite sœur ont été gravement brûlés au thorax et à la tête. La queue des poêlons dépassait du poêle qui était très bas : l'enfant mettait la main, il se brûlait, il se retirait et souvent ça se renversait sur lui.

Pour soigner les brûlures, on mettait du tulle gras : c'était une gaze avec une graisse. Ou on allait chez « *lou rabelieü* » ou « *lou méd'cin de travache* », le rebouteux : il était un peu sorcier et avait des pommades qu'il faisait mettre dessus, et récitait quelques prières mystérieuses !

- Je me souviens petite m'être brûlée en grattant le feu dans les trous, qu'on appelait les goulettes, de la porte du vieux poêle : on m'a râpé de la pomme de terre crue dessus. C'est froid et puis ça calme. Les remèdes changeaient selon les régions.

---

[3] Bordure du poêle à trois pieds

- Moi, je me souviens qu'une fois, gamin, on est allé au « gours » là en bas pour se baigner : on mettait un fagot de joncs en travers et puis on apprenait à nager. Le fagot de joncs a glissé, moi j'ai plongé, je ne sais pas comment je suis sorti mais enfin je suis là mais ça faisait deux mètres de profond.

- Ça doit être la « Mère-en-gueule » qui t'a remonté !

- Moi j'ai bien appris à nager aussi avec un paquet de joncs, en gardant les vaches : mais nos parents ne nous voyaient pas faire tout ça, et heureusement ! Ils n'auraient pas été fiers de nous ! Mais c'était la vie des enfants de cette époque ! On n'avait pas grand-chose non plus : pas de télé, rien !

- La lecture pour les plus grands, quoiqu'on lisait peu ; pas de radio alors il fallait bien s'amuser dehors un peu. On jouait quand même avec des jeux comme les petits chevaux, le jeu de l'oie, le jeu de dames, le nain jaune.

On jouait aussi à des jeux qu'on ne laisserait plus faire maintenant : l'arbalète, le lance-pierre… Quand il y avait batailles de lance-pierres entre gamins, on ne mettait pas des petites prunes, on mettait des cailloux ! Et on visait : on ne faisait pas semblant ! On aurait pu se crever un œil et toutes les tasses en porcelaine et en verre qu'il y avait en haut des poteaux électriques avaient été cassées à cause de cela : c'était un grand jeu !

- Il y avait une bande de gamins de 12-13 ans à La Perrière : ils avaient des lance-pierres costauds, ils étaient adroits. Les tasses elles ne faisaient pas long feu !

L'école

Pour aller à l'école, on mettait aux enfants un petit pantalon ou plutôt une culotte courte qui arrivait au-dessus du genou ; des grandes chaussettes et puis une blouse qui était obligatoire et uniforme pour tout le monde : nous, c'était noire, avec des boutons rouges.

- Oui, on avait le droit de choisir la couleur à condition qu'elle soit noire !... Elle durait toute l'année et elle finissait déchirée ou maintes fois recousue.

- Ma mère racontait qu'elle avait une blouse quand elle était petite, elle n'en avait qu'une et sa mère la lui brossait avant d'aller à l'école parce qu'elle la salissait. Comme ça pressait, elle me disait : « Et des coups de brosse dans le menton, qu'est-ce-que j'ai pu en recevoir ! ». Il fallait aller vite, elle était pressée car elle avait huit enfants.

Nous avions tous une blouse, tous une paire de sabots et une culotte courte, été comme hiver et par tous les temps. Quand on partait avec des -10°, des -15°, on arrivait avec les genoux bien rouges et plein de maux partout. Il y a un nom de mal que j'ai porté à l'école très souvent : c'était la « *crepa* », ou le « feu sauvage », ou l'impétigo. On en avait tous et parfois ça s'infectait : ça faisait des plaques énormes, même au visage.

Il y avait l'eczéma aussi mais souvent tout petit lorsque les enfants ne supportaient pas le lait : on disait « l'eczéma du lait ». Par contre, tous les gamins avaient des maux aux genoux, des croûtes et ça ne guérissait pas, on ne se soignait pas. Nous étions tous dans un état sanitaire pas très bon… Et puis on se contaminait aussi à l'école et à la maison où on dormait toujours deux par lit dans les familles nombreuses.

- A l'école, j'avais 10 ans à peu près, j'avais les mains remplies de verrues, des « *fi* » comme on disait en patois. Un jour, en arrivant à l'école, on se bouscule devant le poêle pour se réchauffer et ma main a plaqué contre le poêle : ça m'a grillé les verrues, elles ne sont jamais revenues !
- Pour les verrues, il y avait l'herbe à verrues. On les faisait également « barrer » chez les guérisseurs. Un de mes oncles, était un guérisseur reconnu et estimé : il barrait les morsures de vipères, les coliques, l'eczéma enfin tout ! Il avait un don, un magnétisme, et la foi du patient faisait le reste !

L'école n'était pas comme aujourd'hui : en principe on commençait, surtout les garçons, à partir de 5 ans. Pour tous ceux qui étaient placés dans les fermes comme vacher ou petit commis, l'année scolaire s'étendait en général de la Toussaint à la belle saison, aux alentours de Pâques, car il fallait retourner aux champs.

Il y avait déjà des instituteurs qui étaient bien formés et très exigeants pour apprendre. Notamment concernant le français : en arrivant à cinq ans, les petits ne pouvaient parler que le patois, sauf ceux du bourg. C'était la ville, le bourg ! Mais l'instituteur comprenait le patois… Il valait mieux pour lui, c'était plus facile. Donc ils apprenaient le français en même temps qu'ils apprenaient à lire et à écrire.

- Mon père a appris le français à l'école... Ton père aussi !...
- Moi, je me souviens, j'ai été élevé chez mes grands-parents et on s'efforçait à parler français pour se dégrossir un peu...
- Je ne sais pas si ça ce faisait partout mais quand on commençait l'école, on préparait à la maison des paquets de bûchettes pour apprendre à compter, par paquets de dix avec un caoutchouc autour : on portait cent bûchettes finement préparées dans notre sac en toile pour apprendre à compter. Et il me semble que nos parents avaient déjà fait ça ; ça nous mettait dans une préparation un peu psychologique, on participait au travail bien fait. Et à l'époque, gagner une image ou des bons points c'était très important... ! Ça faisait bien plaisir quand on allait choisir une image.

Les instituteurs étaient « à l'ancienne » et on se souciait peu de savoir si les gamins étaient contents ou pas de leur traitement : les bons étaient récompensés et les mauvais on leur tapait sur le bout des doigts – ou ailleurs – avec une règle en bois. Ça manquait un peu de psychologie !
- Moi, l'instituteur était secrétaire de mairie : à tout moment il donnait les leçons puis montait au secrétariat. S'il entendait du bruit dans la salle de classe en-dessous, il revenait énervé et il ne fallait pas sourire !

Les instituteurs étaient efficaces sans doute mais il valait mieux être bon élève quand même ! Les moins bons on les laissait de côté : « Oh c'est un cancre, on n'en fera plus rien ! ».

À l'époque, les instituteurs étaient certainement excellents mais avaient des méthodes assez expéditives et les châtiments corporels n'étaient pas rares, et pas seulement pour indiscipline : si les résultats n'étaient pas là, on recevait une correction. Ce n'était pas ce qui faisait mieux rentrer dans la tête mais c'était l'habitude et il y a même eu de pauvres élèves qui ont été battus et qui en gardent encore aujourd'hui beaucoup de rancœur.

- Et bien sûr, on n'en parlait pas aux parents car s'ils le savaient, on recevait encore une correction par eux... C'était admis et les inspecteurs qui visitaient les écoles étaient bien au courant : ça faisait partie de l'éducation...

- Mais le jour de l'inspection, on n'était pas battus : c'était le seul jour d'ailleurs, on aimait bien car on savait que l'on n'allait pas nous tirer les cheveux, qu'il n'y aurait pas de coup de règle sur le bout des doigts, pas de coup de livre sur la tête, ...

- Il y avait quelques privilégiés aussi. Je me souviens qu'au printemps certains apportaient des escargots à l'instituteur : il évitait alors de trop les bousculer car il tenait à ses escargots... Et il y avait des copinages : les enfants du village étaient moins mal traités que ceux des campagnes car l'instituteur avait des contacts directs avec les parents, souvent des commerçants... C'était comme ça...

Certains enfants pouvaient aller à l'école durant toute l'année scolaire. Les bons élèves pouvaient demander à aller au certificat d'études avant quatorze ans.

- Moi, j'avais obtenu une dispense pour le passer à treize ans à cause de la naissance de mon petit frère qu'il fallait garder au plus tôt après : j'ai gagné une année d'école comme ça. Il pouvait y avoir d'autres raisons : garder les vaches, aider dans le commerce.

- Lorsque je suis allée passer le Certificat, en 1944, il y avait des barrages à cause de la guerre et notre instituteur nous a dit : « On va prendre les petits chemins » et nous a demandé de traverser par Courtes pour aller à Saint-Trivier. À peine arrivés là-bas, des gens nous attendaient pour dire : « Rentrez vite chez vous par les petits chemins, l'inspecteur ne viendra pas, tout est barré ».

Nous sommes rentrées à la maison et les troupes allemandes arrivaient sur Saint-Nizier. En fin de journée, une de mes camarades a été tuée. Du coup on a eu une deuxième session au bout de quinze jours. Pour partir, nous devions nous réunir sur la place près de l'église près de chez les parents de la copine tuée : l'institutrice nous a demandé de rentrer dans la cour de la mairie. C'était difficile…

Il y avait beaucoup d'enfants à l'école et les chemins étaient longs : certains faisaient cinq ou six kilomètres à pied.

- Moi j'en faisais six ! Douze allers-retours ! Et par tous les temps !

- Parfois il y avait de la neige : on y allait en sabots et pas avec des grands pantalons fourrés, c'était des demi-courts avec des grandes chaussettes.

À midi, il n'y avait pas de cantine : certains allaient manger chez des parents au bourg, les autres emportaient un casse-croûte. C'était un peu le système « D ». On n'apportait pas grand-chose dans les familles nombreuses : du pain, un œuf cuit dur, un carré de chocolat, quelques-uns avaient deux rondelles de saucisson. Quand il faisait froid, et avant qu'il y ait les cantines, les instituteurs autorisaient les gosses à manger auprès du poêle, mais après il fallait nettoyer.

- Je me souviens, on allait acheter notre pain chez la « Sera »[4]. Quelques-uns allaient chez le boucher chercher deux ou trois rondelles de saucisson : les plus riches et surtout les garçons. On rentrait et on s'asseyait sur les marches de l'école pour manger, et on buvait à la pompe, dans les mains. Mais même après la guerre, ceux qui ne pouvaient pas payer la cantine mangeaient leur quignon de pain.

Un peu avant la guerre, des cantines scolaires ont été créées dans presque toutes les communes. Elles étaient gérées par les parents qui contribuaient à l'approvisionnement : ils apportaient des pommes de terre proportionnellement au nombre d'enfants qu'ils avaient à l'école, des haricots, le dessert car ils ramassaient des fruits pour faire le « *vincuit* », et même le bois. Tout ce qu'ils pouvaient porter faisait que le prix n'était pas très élevé.

- C'était une belle institution et c'était une bonne chose pour les enfants qui étaient à 5-6 km de l'école. Et puis on était assis pour manger : ça changeait du quignon de pain dans la cour !

- Moi je me souviens être allé faire du bois de fagot pour la cantine : c'était collectif, les parents d'élèves achetaient un coin de bois et c'était la commune qui le rachetait pour la cantine. Pendant la guerre, on a même fait le bois du boulanger.

La cantinière achetait un peu de viande chez le boucher – pas tous les jours : il ne fallait pas que cela coûte trop cher – ce qui faisait des menus parfois un peu plus

[4] Diminutif de Séraphine.

équilibrés qu'à la maison. La cantinière était toute seule pour faire le repas à cent-cinquante gamins. La cantine était sous la surveillance de l'un des instituteurs donc il ne fallait pas trop chahuter quand même...

- Chez nous, c'était des bénévoles qui servaient : les sœurs ainées des gosses ; il y avait aussi des institutrices en retraite... La cantine était importante car elle permettait d'avoir toujours de la nourriture et chaude.

- Même si ça pouvait ne pas être très bon, on avait faim alors on ne faisait pas de restes.

Il y avait des enfants défavorisés qui ne pouvaient pas payer la cantine et qui restaient dans un coin avec un morceau de pain et un morceau de sucre : c'est tout ce qu'ils avaient pour leur repas de midi.

- Oui, et la pauvre Madame P..., une institutrice à la retraite, s'était crue autorisée à donner un dessert à des petits qui n'avaient pas de quoi payer la cantine : il y a eu un tollé de protestations de la part des parents qui avaient dit : « Quoi ?! Un père qui boit ! Il ne peut pas payer la cantine à ses enfants ! ». Donc, elle a du arrêter ses bontés. Il y avait déjà de la misère...

- Peut-être même plus que maintenant car il n'y avait pas d'aide, mais il y avait de la solidarité quand même.

- La cantine on en garde un assez bon souvenir car on rigolait bien : c'était un peu un moment de détente, ça chahutait un peu. À l'époque, les garçons et les filles étaient séparés, et on avait un peu peur des filles... À la cantine, on ne se mélangeait pas mais on était ensemble, alors on commençait à les regarder un peu à un certain âge... Et il y avait quelques boulettes de pain qui partaient en direction des filles.

L'éducation religieuse

En même temps que l'école, il fallait aller au catéchisme. Il fallait absolument faire sa première communion même dans les familles peu enclines à la religion.

- Le catéchisme, c'était au moins deux fois par semaine, entre midi et deux heures donc on mangeait en vitesse avant ; et on y allait aussi le jeudi matin.

- Là aussi les méthodes étaient parfois un peu musclées… Ce n'était pas toujours très « spirituel » ce que l'on apprenait, mais il fallait savoir les prières par cœur. Même si le curé et l'instituteur ne s'entendaient pas toujours bien, ils s'entendaient bien pour nous surveiller et à l'âge de raison, à 7 ans, on était considéré comme responsable de nos péchés ou de nos vilaines actions. C'était une certaine méthode d'éducation. Les gosses n'avaient pas le droit de dire leur mot : ils étaient commandés par les adultes, que ce soit l'instituteur, le curé ou les parents. Il fallait suivre le bon chemin.

- Le but du catéchisme était de faire sa communion privée autour de neuf ans – si on avait bien appris son catéchisme : la « petite communion ». À partir de là on était considéré comme des grands. Après il fallait faire ses pâques et les bonnes fêtes. En sortant de l'école, il y avait aussi le chemin de croix pendant cinq semaines, avant

Pâques : c'était obligatoire et il y avait des adultes. Le curé se déplaçait devant les tableaux saints de l'église : il y avait une prière et un chant à chaque station, le tout en latin.

Mis à part une ou deux familles, tous les enfants allaient au catéchisme.

- Moi lorsque j'y allais, c'était un peu plus vieux, ceux du bourg et des alentours venaient le matin et ceux des hameaux plus tard. On disait que les instituteurs avaient des méthodes un peu expéditives mais les curés aussi : les coups de catéchisme sur la tête ça pleuvait ! Les punitions n'arrangeaient pas forcément la foi et les petites farces : j'ai vu des grenouilles dans le bénitier !

- Quand il y avait des enterrements, les enfants de chœur – ils étaient toujours du bourg – quittaient l'école : ils avaient une autorisation spéciale. On était jaloux car ils revenaient avec des dragées pour les mariages, des pièces que leur donnait le curé.

Ensuite, on faisait la première communion : c'était important, c'était une étape. On faisait un repas à la maison. Les parrains et marraines venaient avec un cadeau : un chapelet ou un missel ou alors un joli porte-monnaie avec un billet dedans.

- Moi, ma marraine, m'avait offert un joli livre de messe où elle avait fait graver mes initiales et un chapelet avec des perles de couleurs changeantes que mes copines enviaient bien : c'était pendant la guerre, on ne trouvait pas ce que l'on voulait pourtant.

- Il fallait se dépêcher de manger car il y avait les vêpres après : c'était une deuxième messe tous les dimanches pendant toute l'année auxquelles il fallait en principe participer.

- Mais avant il fallait aller à la messe tous les dimanches, aller communier dans le froid et à jeun. Il fallait que les filles, à partir du moment où elles avaient fait leur première communion, entrent couvertes à l'église. Même petites, elles avaient déjà une sorte de petit chapeau alors que les garçons n'avaient pas le droit : il fallait être tête nue. Le curé surveillait qui venait ou pas et sa bonne ou le marguillier l'informaient de la tenue de chacun pendant les offices.

Puis, il y avait la communion solennelle à douze ans. Ce jour-là, filles et garçons participaient à quelque chose d'important : les garçons avaient quasiment toujours droit à un costume neuf, une belle tenue, un beau brassard sur le bras gauche et bien sûr une aube blanche parfois brodée, avec des dentelles, qui ressemblait à une robe de mariée pour les jeunes filles qui portaient aussi une aumônière et une couronne avec un voile. C'était un peu le passage à l'âge adulte et une sorte de répétition du mariage : il y avait beaucoup de ressemblances dans l'habit.

L'année suivante, à treize ans, c'était le renouvellement des promesses du baptême, toujours avec la même tenue d'apparat, le tout dans une messe grandiose, avec distribution par les jeunes filles en aube de pain ou de brioches bénis.

- Il y avait aussi la confirmation qui était faite par l'évêque qui venait de Belley à peu près tous les quatre ans, car il n'allait pas se déplacer tous les ans. Parfois, plusieurs communes étaient réunies pour la confirmation.

On avait droit à une petite image pieuse avec un petit mot de l'évêque : je l'ai gardée très longtemps moi. Donc ça faisait quatre cérémonies un peu solennelles, parce que ça ne rigolait pas !

- Après la confirmation s'arrêtait la pratique religieuse sauf pour quelques grandes occasions comme Pâques – mais c'était surtout pour retrouver les copains ! – et dans les familles pratiquantes. Les filles continuaient parfois un peu plus à aller à la messe car elles faisaient partie des chanteuses ; ça faisait aussi une sortie...

Les conscrits

Dès que l'école était finie, certificat d'études ou pas, garçons et filles devaient travailler. Certains restaient sur la ferme, d'autres étaient placés comme valets ou servantes, mais aucun ne faisait la grasse matinée. Les journées étaient longues, le travail dur, la nourriture frugale.

Seul le dimanche après-midi était chômé – sauf pendant les gros travaux – et les divertissements étaient rares. La fête patronale, généralement située au milieu de l'été, cassait un peu la monotonie de ces journées interminables de travail. Dans toutes les fermes, on cuisait des tartes au fromage, au beurre, à la crème. On améliorait le menu du dimanche, et le soir, il y avait le bal, où garçons et filles pouvaient oser un pas de danse, sous l'œil vigilant des parents, et même boire un petit coup.

À partir de dix-sept ans, les garçons du même âge – pas les filles – commençaient à se réunir pour préparer ce qui allait être la grande affaire de leur jeunesse : les conscrits.

Chaque classe achetait son drapeau, ses cocardes, ses rubans tricolores dans la petite ville voisine, avec des déplacements à pied ou à bicyclette. Les parents ou les patrons de ferme avaient une certaine indulgence pour ces réunions – en dehors bien sûr des heures de travail – qui parfois se terminaient en libations importantes. Ils avaient été jeunes et gardaient la nostalgie de cette période de leur jeunesse, mais ne toléraient néanmoins aucun manquement au travail le lendemain.

La classe des dix-sept ans était surnommée ironiquement *« les grappins de pos »*, littéralement « les remueurs de gaudes », par les « sous-conscrits » de dix-huit ans. Les conscrits avaient quant à eux dix-neuf ans.

Une épreuve pittoresque attendait les conscrits et donc les futurs soldats : le conseil de révision. En langage bressan, « la revue ». Devant tous les maires du canton et un ou deux médecins militaires, les conscrits pas très fiers, défilaient en file indienne, nus comme au jour de leur naissance, ouvraient la bouche pour montrer leurs dents souvent cariées, lisaient l'abécédaire et attendaient le verdict fatidique : bon pour le service, ou réformé, parfois ajourné ce qui laissait un an aux jeunes gens concernés de se renforcer physiquement. À l'époque, ne pas « faire soldat » était honteux.

- Mon grand-père « honteux » a été réformé pour insuffisance de poids. Il a échappé à la guerre de 14/18 et en a profité pour faire neuf enfants. Merci grand-père !

Après le conseil de révision et avant de partir au « régiment » la classe faisait ce qu'on appelait « une tournée de conscrits ». La joyeuse bande allait de maison en maison dans toute la commune, en récoltant des œufs, de l'argent, accompagnée par un ou deux musiciens qui jouaient des airs entraînants « de conscrits » sur lesquels tous les participants sautaient en cadence en « huchant » à se faire éclater les cordes vocales. Chaque soir, les parents de l'un des conscrits accueillaient toute l'équipe autour d'un repas copieux et bien arrosé.

Après la tournée, il y avait la soirée « matefaims » faits avec les œufs récoltés, où tous les jeunes du village se réunissaient. Puis, pour clôturer les festivités, le grand « banquet des classes » où les générations en cinq et dix ans se retrouvaient, suivi par un grand bal populaire. Avant le banquet, les conscrits, drapeau bleu blanc rouge déployé, assistaient à la messe dans le chœur et distribuaient à l'assistance de la brioche bénie !

À la sortie de la messe, il y avait passation de pouvoir entre les conscrits et les sous-conscrits. Les premiers avaient coupé la veille une lourde branche de chêne que les cadets devaient porter individuellement, dressée, à bout de bras, en remontant le bourg. Malheur aux chétifs qui se couvraient de ridicule. Dans la ramure de la branche, un pain truffé de poivre, des bouts de ficelle et autres amuse-gueules devaient être mangés par les sous-conscrits. Cela s'appelait « *prendre le gregnon ou le croûton* ». À partir de cette épreuve, la nouvelle classe devenait « adulte ».

Après la deuxième guerre mondiale, les conscrites étaient invitées au banquet, décorées d'une belle cocarde blanche. À partir des années vingt, un photographe professionnel, avec son cheval, son appareil à trois pieds et son objectif en accordéon, venait immortaliser la classe « vingt et un, vingt deux… ». Avec des conscrits bien gominés, et des conscrites frisotées à souhait. Le rituel « conscrits » était un passage obligé vers l'âge adulte, avec parfois les premiers rapprochements «garçons filles » mais surtout quelques excès et farces en tous genres qui alimentaient longtemps les conversations lors des veillées d'hiver. Et puis le « régiment » éloignait tous ces jeunes gens pour – selon les périodes – deux, trois, voire sept ans en fonction d'un tirage au sort malheureux.

Les rencontres

Avant la généralisation de la bicyclette, l'un des moyens pour se rencontrer était d'aller à la messe. Le trajet se faisant à pied, on avait le loisir de discuter sur le trajet. Et souvent, les curés dans les villages – on se demande si ce n'était pas un peu fait exprès – organisaient des fêtes : n'y allaient que ceux qui allaient à la messe ce qui favorisait « les bons mariages ».

À la messe, toutes les catégories sociales se retrouvaient. Mais comme tout le monde se connaissait dans le pays, les fortunes de chacun étaient assez bien connues de tous. Ceci n'empêchait pas de « faire le tri », les parents surveillant cela d'un œil intéressé.

Hormis lors de la messe, les rencontres se faisaient souvent sur les lieux du travail, notamment entre valet et servante d'une même ferme ou de fermes avoisinantes. Pour les autres, tout ce qui était prétexte à réunir les jeunes pouvait favoriser les contacts : lors du « *vincuit* » par exemple, lorsqu'il fallait éplucher les fruits ou pendant la cuisson. Lors des battages aussi : il n'était pas rare que la maîtresse de maison invite des nièces pour l'aider à faire la cuisine. Les rencontres pouvaient se faire aussi le dimanche après-midi à la croisée des chemins.

L'arbre de « mai » était également une occasion pour les garçons de manifester aux jeunes filles leurs sentiments. Dans la nuit précédant le 1er mai, les garçons plantaient devant la fenêtre de la ou des jeunes filles de la maison un arbre d'essence variable avec un bouquet de fleurs au sommet. Le chêne ou le frêne voulaient dire « je t'aime », une branche de verne signifiant quant à elle un amour déçu. Malgré la discrétion de la manœuvre, les demoiselles savaient rapidement qui avait fait quoi, et pouvaient identifier rapidement leurs soupirants !

Lorsque deux jeunes commençaient à montrer des signes de rapprochement, c'était toujours la mère qui intervenait pour que les coups de foudre ne dégénèrent pas.

C'était principalement la mère qui avait son mot à dire – le père intervenait plutôt lors des mariages – car elle accompagnait sa fille à la messe, au bal, etc. Les mères accompagnaient par envie mais surtout par curiosité, pour voir qui dansait avec qui et cancaner la semaine suivante.

Au bal, elles devaient compter le nombre de fois où un prétendant venait chercher une fille pour danser, ce qui était un signe car, à l'époque, les danses étaient payantes : quelqu'un ramassait l'argent auprès de chaque couple à chaque danse pour l'organisateur du bal car l'entrée était gratuite.

- Donc pour faire danser une fille, il fallait accepter de payer deux sous. Alors, on n'allait pas chercher n'importe laquelle car ça coûtait de l'argent ! Cette pratique a duré au moins jusqu'à la seconde guerre mondiale.

- Ici, il y avait des bals de toile c'est-à-dire des bals qui étaient installés uniquement pour la fête foraine ou pour un bal donné : ça durait le jour de la fête, le lendemain et le « retour », huit jours si le bal n'avait pas à se déplacer pour aller ailleurs. De chaque côté de la piste, il y avait des tables qui étaient installées pour servir à boire – c'était payant aussi bien sûr. On buvait uniquement du vin rouge, pas de café ; plus tard est apparue de la bière. Et le but du danseur, quand même, quand la mère n'était pas là, était de proposer une sortie en-dehors du bal, quand il faisait très chaud, ou plutôt quand « ça chauffait »...

Bref, si lors d'une soirée de bal des liens se nouaient, on se donnait rendez-vous à un autre bal mais pas trop loin car on ne pouvait pas se déplacer facilement. Parfois, on pouvait attendre trois mois avant de se revoir, et quand ça devenait un peu plus sérieux, il y avait invitation du prétendant ou de ses parents, la semaine où on avait tué le cochon par exemple.

Souvent, les gars du pays allaient voir les filles à plusieurs : c'était une forme de contact pas tout à fait officielle, un peu officieuse car il y avait d'autres personnes mais la fille savait bien lequel des prétendants lui faisait des yeux doux et les copains savaient bien que ce n'était pas pour eux non plus... sauf dans certains cas.

- On m'a raconté une histoire où le prétendant a été détrôné par son accompagnateur : ça fait partie des risques de la vie.

- À partir de là, je pense qu'effectivement si le prétendant qui avait été vu par les parents plaisait, on prenait contact avec ses parents pour la première rencontre et lorsque c'était pris au sérieux, on organisait des repas, au moins un de chaque côté : ce n'était pas les fiançailles, c'était les « *accordailles* ».

Dans tous les cas, même parmi les plus pauvres, il était bien rare que le contrat de mariage ne soit pas établi par le notaire : tout ceci se faisait au moment des accordailles parce qu'il fallait que tout soit au point lorsque les fiançailles arrivaient.

Le notaire se déplaçait lui-même : il venait avec sa voiture à cheval et était invité au repas mais on était allé le voir avant car les papiers étaient très précis. On ne faisait pas ça entre deux plats ! Tout était préparé à l'avance, on relisait le contrat et seul le notaire signait. Un exemplaire était donné aux futurs époux qui étaient accompagnés de leurs parents mais n'avaient pas leur mot à dire.

Il y avait peut-être aussi eu des rencontres informelles entre les deux pères : « Qu'est-ce que tu lui donnes ? » etc. Le jour des fiançailles, les parents devaient annoncer « Je donne telle somme à mon fils, telle somme à ma fille » et on devait la présenter devant le notaire : ce n'était pas qu'une promesse bien que la parole donnée soit très importante en ce temps-là, notamment car on savait peu lire et écrire.

- On dit que beaucoup d'arrangements de mariage se sont faits sur l'*archebanc* sous la cheminée sarrasine, là où il y en avait.

- Et il y avait aussi le reste : les paires de draps, les paires de chemises, etc. C'était le trousseau, qui se préparait des années à l'avance.

Lorsque la fille avait quinze ans, les parents commençaient déjà à cultiver plus de chanvre qu'habituellement. On élevait des oies pour tirer le duvet pour faire des édredons bien douillets. Les maisons étaient peu chauffées. On effectuait cette tâche en été avant la mue.

On utilisait également la laine des moutons pour les couvertures piquées et les matelas. Les jeunes mariés en avaient pour leur vie, même plus puisqu'on retrouve encore dans nos armoires des chemises ou des draps qui n'ont jamais été utilisés !

Le trousseau était important car on disait que la pauvreté venait du linge : si un jeune couple qui partait dans la vie avait dans son armoire, dans leur « cabinet » comme on disait : « Peu de linge de maison, ce n'est pas bon signe pour la suite ».

- Il y avait un vieux à Curciat qui disait : « *Ils int pô lamint on linsu dins jo käm'ne.* (Ils n'ont pas seulement un drap dans leur armoire) ».

Les jeunes couples qui n'allaient pas vivre chez les parents partaient dans la vie avec assez peu de choses, deux vaches par exemple, mais au niveau mobilier ils avaient au minimum une belle armoire, une table, une horloge sur pied ou autre, une maie pour faire le pain. Ils avaient quand même de quoi s'installer dans la vie d'autant que l'on ne renouvelait pas.

- Moi, j'ai l'armoire de ma grand-mère quand elle s'est mariée, et puis celle de mes parents : ça restait là, on n'allait pas chez Ikéa pour acheter des meubles et puis les jeter en l'air dix ans après comme on fait aujourd'hui. Tout était fait par les artisans du pays et, selon l'argent que l'on possédait, c'était plus ou moins beau. À cette occasion, celui qui était un peu plus pauvre se forçait un peu : il fallait quand même tenir son rang. Les premières armoires sont apparues vers 1830. Avant il n'y avait que des coffres.

Les rencontres pouvaient se faire d'une manière beaucoup plus rapprochée dans le cas de valets et servantes d'une même ferme ou d'une ferme avoisinante : ils se voyaient beaucoup et forcément, cela créait des affinités.

Ces gens-là, s'ils ne trouvaient pas l'âme sœur tout près de chez eux, avaient également des manifestations importantes qui leur étaient dédiées puisqu'une ou deux fois par an, à la fin de l'année, il y avait la foire de la Saint Martin pour que valets et servantes se placent et se rencontrent, notamment à Louhans, à Bourg-en-Bresse, à Montrevel, etc.

À la Saint Martin, beaucoup étaient reconduits dans leurs fonctions mais ils allaient tout de même tous à la foire parce que c'était congé ce jour-là : c'était une des rares journées où ils n'avaient pas l'obligation de travailler et où les patrons faisaient le boulot à l'écurie.

Le salaire des jeunes domestiques était souvent donné directement aux familles qui en avaient besoin pour vivre. Mais en général, ceux qui étaient majeurs le touchaient directement et c'est ainsi qu'ils faisaient leur cagnotte en vue de leur installation à leur compte : ils mettaient un peu d'argent de côté.

Entre valets et servantes, les mariages étaient généralement relativement simplifiés : la cérémonie du mariage était vite faite et en présence de quelques amis qu'ils invitaient, des parents, des parrains et marraines.

Ce n'était pas des mariages arrangés ou organisés par les parents : valets et servantes avaient déjà une certaine autonomie et étaient libres de se choisir, plus que dans les familles aisées. Ils avaient quitté leur famille depuis un certain temps ou pouvaient être orphelins car beaucoup de valets venaient de l'assistance.

- Souvent, vu leur expérience, c'étaient de très bons cultivateurs car ils voulaient se sortir de la misère.

Ils pensaient au mariage et ils pensaient à s'installer dans une ferme : ils commençaient par acheter un peu de matériel dans les ventes aux enchères qui étaient autrefois très nombreuses lorsque les gens faisaient « faillite ». Ce pouvait être de vraies faillites, ou pour boucher le trou des dettes et la vente s'arrêtait quand il y avait suffisamment d'argent.

Ces ventes avaient lieu également lorsque l'on possédait trop de matériel ou pour cessation d'activité : c'était des « bans de cour ».

- J'ai entendu dire par mon père que des familles qui étaient très pauvres et avaient des dettes, vendaient tout, et puis quittaient le pays, et on ne les revoyait plus. C'était expéditif.

Les valets qui commençaient à acheter des chaises ou tout autre mobilier avaient déjà choisi leur future mais n'étaient pas pressés : ils pouvaient bien attendre trois ans avant de se marier, tant qu'ils n'avaient pas suffisamment pour vivre. Ce n'était pas parce qu'ils étaient fiancés qu'ils avaient vie commune : ils patientaient, mais ils étaient promis.

- Concernant les bans de cour, il y avait quelques petits recours avant d'en arriver là : si on prenait deux ou trois vaches à un fermier ça lui manquait alors il pouvait louer des bêtes et une retenue était faite sur la production.

- Je ne sais pas si on retenait le veau par exemple mais c'était un placement. Il n'y avait pas d'assurance donc quelqu'un qui était estropié ou empêché de travailler, c'était la misère tout de suite et c'est là que les familles étaient en perdition car le chef de famille ne pouvait plus travailler. Mais c'était admis : « ils n'ont pas eu de chance », « il est venu malade ».

- Quand on vendait tout c'était vraiment l'extrême limite mais « tout » c'était parfois pas grand-chose aussi parce qu'il ne s'agissait pas de propriétaires mais de métayers ou de fermiers. Certains ont passé toute leur vie avec quelques vaches et n'ont jamais pu augmenter leur richesse. Alors ils faisaient d'autres travaux : ils allaient à leurs journées, ramasser du bois, faire le travail ailleurs, etc.

Le jour où les jeunes se mariaient, se posait la question avant le mariage de savoir où ils allaient s'installer, dans quelle famille : souvent la fille allait chez ses beaux-parents et la belle-mère n'était pas toujours tendre… Mais lorsqu'une famille n'avait qu'une fille, c'était le gendre qui pouvait se déplacer.

Mais quel que soit le lieu de résidence et par conséquent le lieu de travail des jeunes mariés, c'était les parents ou les beaux-parents qui commandaient et surtout qui gardaient l'argent de l'exploitation de la ferme.

Le jeune couple était nourri et logé un point c'est tout. Parfois la vente des pigeons – présents partout en Bresse dans les étables autrefois – leur était réservée.

- Et puis très vite, deux ou trois bambins arrivaient, et à partir de la deuxième guerre mondiale, les allocations familiales leur étaient attribuées et mettaient un peu de beurre dans les épinards du jeune couple ! Mais avant, à ce moment-là, il était difficile de faire fortune. La femme devait rester à la maison pour s'occuper du domaine pendant que le mari était à ses journées pour gagner quelques sous et sa nourriture.

- Evidemment, aucun membre de la famille n'était « déclaré ». Donc, pas de cotisations sociales, pas de sécurité sociale non plus et plus tard, des retraites misérables ! Beaucoup de jeunes couples ont attendu l'âge de 40 ou 50 ans avant de devenir responsable de l'exploitation.

Lorsque des valets et des servantes avaient accumulé une petite somme, ils prenaient un petit domaine.

- Tous les trois ou six ans les fermiers d'un domaine pouvaient changer, ça bougeait sans arrêt : certains domaines étaient lâchés car ils n'étaient plus assez grands par exemple.

À la Saint Martin, et il y avait une loi très précise, le 11 novembre, les fermiers restaient jusqu'à midi et ceux qui les remplaçaient arrivaient à midi et demie. On déménageait tout en général, y compris les fagots de bois, mais pas la moisson, ni la paille car l'arrivant était venu semer le blé et le trèfle quelque mois auparavant.

- C'était très codifié, c'était un règlement qui était le plus souvent appliqué car il était rare que le rentrant et le sortant soient en bons termes car le premier empiétait sur les cultures du second pour semer le blé, et puis l'autre n'avait pas fini son maïs… Et là-dessus, il y avait souvent le propriétaire qui avait son mot à dire et avait des droits sur les bois : les chênes n'appartenaient pas au fermier, il se réservait aussi la moitié des haies, les fruits, etc. Dans une location, il se retenait tant de kilos de pommes, de noix, etc.

Pour certains, le mariage avait lieu avant d'avoir assez d'argent pour prendre une ferme convenable donc ils reprenaient une toute petite ferme et travaillaient à côté, souvent chez le même patron, quelques jours dans la semaine, en allant ramasser du bois mort dans les bois pour se chauffer.

- Ils tiraient parti de tout, en général ils essayaient d'avoir un cochon ce qui était très important : ils le tuaient à la fin de l'année et ça mettait non pas du beurre dans les épinards mais du lard dans leur saloir, ce qui était primordial.

Restaient les gens aisés : les notables qui étaient au bourg du village, ou les grosses exploitations agricoles. Ils allaient bien évidemment tous à l'église et avaient même leurs places numérotées dans le chœur. Ils payaient leur place ce qui faisait de l'argent à la paroisse. Donc il n'y avait pas de surprise quant aux fortunes réciproques, chacun sachant exactement ce que l'autre avait.

Dans les familles, ces mariages étaient très orientés par les parents et très organisés car il ne fallait pas diviser les fortunes donc il y avait souvent moins d'enfants que dans les familles pauvres. On peut supposer que le contrat de mariage était très précis – y compris en cas de séparation ou catastrophe – et lorsque tout était évoqué cela donnait lieu à de beaux et grands mariages où on pouvait inviter les fermiers.

- Mon arrière-grand-père est allé à la noce de la fille de son patron à Lyon. Ça avait dû les marquer car ça se disait encore trois générations après !

- On peut aussi parler des riches fermiers qui possédaient ou exploitaient des fermes et qui, eux aussi, avaient souvent peu d'enfants pour ne pas diviser les biens. Par conséquent il fallait prendre des contacts avec des personnes de leur rang.

Il y avait plusieurs méthodes mais les riches fermiers allaient souvent aux foires, plusieurs fois dans la semaine, soit pour l'agrément, soit pour leurs affaires ou pour se renseigner des cours, rencontrer leurs homologues qui avaient parfois des filles ou des garçons à marier alors ils provoquaient un peu l'occasion…

- Quelques fois, un riche fermier ayant une fille à marier et un autre un garçon, allait jusqu'à lui acheter, s'il avait besoin, un lot de cochons en les faisant livrer à la maison : ça faisait l'occasion d'un dîner. Ça n'engageait à rien mais on ne sait jamais : c'était un départ et chacun parlait de son cheptel, de ses bêtes. Des fois ça réussissait, d'autres fois pas alors on forçait la décision, ce qui ne faisait pas des mariages très heureux... Mais c'était l'habitude et souvent le fermier riche avait subi la même chose étant jeune.

- Autrefois, les mariages duraient longtemps mais ce n'était pas forcément des mariages très harmonieux : c'était comme ça et chacun faisait sa petite vie, l'homme surtout qui rentrait parfois très tard dans la nuit. On ne savait pas trop où il avait été, peut-être au bistro...

- Mais le travail se faisait quand même à la maison car il y avait des valets, des servantes, des garçons, et la maîtresse de maison, qui n'allait pas beaucoup aux champs mais qui allait quand même un moment le matin ramasser du fourrage pour les bœufs ou les cochons, des feuilles de betterave.

- Tiens, j'ai même une petite histoire là-dessus. Un jour, la maîtresse de maison, comme d'habitude, va aux champs avec le grand valet qui était chargé de lui donner la main, pour pousser le « *bérot* » dans les montées. Pendant ce temps, les trois, quatre valets et deux trois servantes en train de sarcler un peu plus loin ont soif : ils envoient le petit vacher chercher à boire. Il revient vite et dit : « C'est tout fermé, j'ai rien trouvé, j'ai personne vu et le petit *bérot* est à l'entrée du champ de maïs. ». Un des valets lui dit : « T'as encore pas tout compris mais quand tu seras grand valet tu comprendras… »

Il pouvait aussi y avoir des entremetteuses qui arrangeaient l'affaire discrètement, intervenir soit d'un côté, soit de l'autre, pour un premier contact, tâter le terrain. En contrepartie, elles avaient une récompense quelconque. Le curé pouvait aussi servir d'entremetteur à ce moment-là, certainement plus souvent auprès des gros fermiers que des petits paysans.

- Parfois quand un prétendant allait voir une fille le soir en tout bien tout honneur, des voisins ou d'autres prétendants un peu jaloux se transformaient en fantômes, en dames blanches, pour essayer de dissuader le prétendant d'arriver à ses fins et il y a quelques histoires connues où parfois le prétendant qui n'avait pas peur rossait la dame blanche qui partait en courant !...

- C'est arrivé à mon grand-père, qui le racontait ; ma mère disait : « *Zhe ne chavou pô sé va, ton grind ére tellemint mintiü !* (Je ne sais pas si c'est vrai, ton grand-père était tellement menteur !) ».

Avec l'arrivée des vélos, les modes de rencontres vont changer car les jeunes ne sont plus cantonnés à leurs hameaux et ils peuvent aller au bal dans tout le canton et même un peu plus loin avec la réticence des garçons du lieu qui voyaient d'un mauvais œil arriver ces étrangers qui venaient courtiser les filles du pays. Mais c'était réciproque et beaucoup de mariages se sont alors faits dans des distances plus importantes qu'autrefois ce qui ne changeait rien ou pas grand-chose aux négociations entre parents, et au folklore qui entourait toutes ces unions. Si ce n'est que les parents se connaissaient moins donc il fallait prendre des renseignements.

- La population commençait à se brasser un peu plus.

- Ce n'était pas partout pareil mais l'accueil pouvait être glacial. Si on allait du côté de Marboz, on en parle encore aujourd'hui, on entendait : « *Si t'es pos de Marbeux, fot n'allo.* (Si tu n'es pas de Marboz il faut t'en aller) », et il ne fallait pas se faire prier car ils n'étaient pas commodes ! On avait aussi ça à Montpont.

- C'est cet inconvénient-là qui est arrivé avec la bicyclette : on était vraiment des étrangers car on venait de plusieurs kilomètres. Après il y a eu des motos, et des bagarres parfois dures entre les gens qui venaient de Feillens ou d'ailleurs ; et on le leur rendait aussi.

- Et tout ça pour des filles !

Les fiançailles

Les fiançailles : une belle période... (Rires) Un peu fatigante pour les fiancés contraints et forcés de rencontrer toutes les familles des deux côtés, accompagnés d'un chaperon.

Ils devaient aller voir les parrains, les marraines, les amis, les oncles, les tantes et devaient présenter le fiancé ou la fiancée et porter des dragées : la fiancée avait un petit panier contenant des dragées et le fiancé avait une tabatière et proposait une prise de tabac. Tout le monde participait et éternuait un bon coup ce jour-là pour ceux qui n'avaient pas l'habitude !

- Souvent, les fiancés étaient invités à manger et c'était une période un peu lourde pour les jeunes fiancés et pour leur estomac car il fallait accepter le protocole, il fallait rester tout l'après-midi. Il arrivait aussi qu'ils « fassent » le hameau avant d'aller manger chez quelqu'un donc il y avait café, goutte et le reste, la brioche, les fruits.

Ils emmenaient avec eux un petit frère ou une petite sœur qui devait surveiller les bonnes mœurs des fiancés : c'était le temps où l'on ne vivait pas ensemble avant le mariage.

On n'allait pas faire sa tournée des fiançailles avec de vieux habits : en général, on achetait un costume pour le fiancé et une robe pour la fiancée, mais moins riches que pour le mariage.

Le mariage

Enfin arrivait le grand jour, le jour du mariage.

- La date était fixée dans l'année : par exemple, on ne se mariait pas au mois de mai, c'était le mois de Marie, ce n'était pas autorisé. Ni pendant le Carême ou pendant les fêtes religieuses. Souvent l'été car l'hiver on circulait difficilement et on préférait mettre des tenues légères aussi : on ne se mariait pas avec un manteau !

- La préparation au niveau des habits c'était aussi important. On commandait un costume chez le tailleur, qui souvent le faisait très tardivement : il était débordé de boulot ! Et la robe de la mariée c'est pareil : on allait chez la couturière. La robe était offerte par les parents du fiancé, et les parents de la fiancée offraient à leur futur gendre la chemise et la cravate.

Le jour du mariage, tous les gens qui devaient assister à la cérémonie à l'église partaient en général à pied depuis la maison de la mariée où se faisait la noce. Après la mairie, le cortège se faisait pour aller à l'église. En tête, on trouvait la mariée au bras de son père. Suivaient les invités, les demoiselles d'honneur, les garçons d'honneur puis le marié avec sa maman ou une marraine si par malheur la maman était décédée.

- Les gens du village regardaient ; il y avait des badauds tout le long du cortège, des curieux qui faisaient quelques commentaires sans doute ! Très souvent, ils prenaient pour prétexte d'aller voir comment la robe était belle ou comment le couple de mariés était beau…

- Dans l'église il y avait une belle cérémonie, une belle messe puisque l'on communiait, et les cloches qui sonnaient à la sortie. Selon la richesse des mariés, elles sonnaient plus ou moins longtemps : c'était en fonction du prix alors les gens dans les campagnes écoutaient et faisaient des commentaires : « Ah ! Ils ont sonné longtemps ! Ils ont les moyens !», « Ah ! Ils se sont mis la corde au cou ».

- Je me souviens que l'on écoutait et que l'on s'arrêtait de travailler pour faire des commentaires sur les mariés… pas toujours bienveillants d'ailleurs… « Ah ben la mariée elle a mal réussi : il a tendance à boire… Elle ne va pas être à la noce tous les jours ! », Et inversement… Et ensuite on recommençait à travailler !

Au retour de la messe, il fallait que la mariée subisse quelques épreuves pour savoir si elle serait une bonne ménagère et une bonne mère de famille. Si un balai était en travers de la porte, il fallait que la mariée le prenne et le range dans un coin de la maison : si elle l'enjambait alors c'était la catastrophe !

Il y avait d'autres petites brimades comme cela… Par exemple, les voisins obligeaient le marié à s'atteler dans les brancards d'un petit tombereau : la mariée montait dans le tombereau et arrivait à la maison tirée par son mari, sous les quolibets et les rires de l'assistance. Une autre farce courante et amusante était de disperser beaucoup de paille dans la cour de la ferme. Cette coutume se faisait uniquement quand le ou la mariée était plus jeune que ses aînés. Cela s'appelait : renverser le « *paillis* » c'est-à-dire le tas de paille.

- Cette expression n'était pas que virtuelle. Les voisins se chargeaient de la mettre en pratique. Et puis, il y avait « la corde au cou ». Quand le futur marié enterrait sa vie de garçon, ses amis, après l'avoir fait boire, lui passaient une corde au cou (en général un lien qui servait à attacher les jeunes veaux « *lou nillon* ») et allaient finir la soirée chez la fiancée.

- Tous les ans, à la foire à l'ancienne de Coligny du 1er mardi d'août, cette coutume se perpétue. Mais là, il s'agit de folklore ! Et les jeunes mariés sont en fait des couples qui fêtent leurs noces d'or, ou leurs noces de diamant. Il n'empêche que les dames prennent un malin plaisir à passer le « *nillon* » au cou de leur mari et à le tirer vers le lieu du repas.

Il arrivait que des brimades beaucoup plus malveillantes soient organisées. Le soir de la noce, bien souvent, l'une des deux maisons était vide de ses habitants – tout le monde était au repas dans l'autre maison. Un galant éconduit peut-être, avec quelques amis, ou des voisins qui avaient un vieux contentieux se livraient à toutes sortes de méchantes farces.

On clouait les portes des granges, parfois celles de la maison, on apportait des rouleaux d'épines à l'entrée de la cour, on faisait des barrages avec des cordes solidement attachées.

Les gens qui rentraient de la noce au petit matin ne devaient pas beaucoup apprécier, mais n'osaient pas trop se plaindre de peur du ridicule ! Et les fauteurs de trouble restaient également très discrets, par peur des représailles !

Le repas se faisait chez la fiancée. On avait sorti une belle nappe blanche, des serviettes, de la jolie vaisselle : deux assiettes, une plate et une creuse. La cuisinière attendait les invités : elle faisait partie de la cérémonie.

- C'était important le repas et on demandait une cuisinière... Elle venait un jour ou deux avant la fête pour la préparation : elle arrivait facilement le jeudi soir pour le samedi ! Elle faisait tout ! C'était des personnes autoritaires qui apportaient leur matériel, des grandes gamelles qu'il fallait aller chercher avec le cheval : ça faisait partie du service.

À l'époque, la photographie n'était pas encore très développée et rares étaient les mariages qui ont été photographiés. Par contre, souvent, les jeunes mariés allaient dans la ville la plus proche, dans un studio pour se faire photographier et distribuaient un exemplaire de la photo aux amis, aux parrains, etc.

Bien sûr, avant d'arriver à la maison, il fallait que les apéritifs soient pris dans les cafés du village. En général, l'un des parents offrait l'apéritif – du vin blanc – à tous les invités de la noce dans un café ainsi qu'à tous les curieux qui étaient là tout à fait par hasard... ou pas tout à fait quand même... !

Ensuite, l'autre parent payait dans l'autre café afin de respecter un certain équilibre : si il y avait deux cafés dans le village, il était hors de question que l'on n'en fasse qu'un. Il n'y avait pas de transaction d'argent ce jour donc les deux pères respectifs passaient régler la note quelques jours après. Ce jour on ne sortait pas d'argent, on ne parlait pas d'argent : on était large, généreux, désintéressé.

- On n'en pensait pas moins mais enfin...

Une fois que ces civilités étaient faites, on rentrait à la maison et vers les deux heures au plus tôt, enfin, on se mettait à table avec beaucoup d'appétit.

Le menu du jour se composait généralement d'un potage velouté, d'une entrée – du pâté croûte, de deux ou trois viandes en sauce, de légumes, d'un rôti – du poulet de Bresse, d'une salade, de fromage et de plusieurs desserts : une crème au chocolat, de la brioche, un gâteau, des fruits et la goutte.

- Des vins fins : je ne sais pas trop ce que c'était... Mon père avait mis de côté quelques bouteilles datant de mon baptême. Mais le vin était tellement vieux qu'il n'était plus bon ! Il était vraiment passé !

Après avoir bien mangé, des chansons commençaient à fuser de tous les côtés.

- Il y avait de vrais chanteurs à l'époque et les mêmes étaient toujours un peu sollicités. Et puis il y avait toujours un musicien avec sa clarinette et son accordéon alors ça dansait, un peu, dans les coins, car il n'y avait pas trop de place : les pièces où se faisait la noce étaient parfois exiguës.

Il y avait des jeux, un peu à l'initiative des invités, des garçons d'honneur ou des copains qui avaient imaginé des choses.

Au petit matin on surveillait les jeunes mariés : c'était le rôle du garçon d'honneur et de la demoiselle d'honneur.

- Il ne fallait pas les laisser aller se coucher comme ça, la première nuit de noce ! Ça n'aurait pas été drôle ! C'était une sorte de bizutage.

On les tenait au moins jusqu'à deux heures du matin et, bien fatigués, ils arrivaient à s'éclipser, avec la complicité du garçon d'honneur, pendant que les invités mangeaient la soupe à l'oignon. Mais ils ne rentraient pas chez eux : ils allaient dormir chez une tante, des amis, dans un lieu normalement inconnu des invités…

C'était alors la course au petit matin pour essayer de les retrouver, ce qui donnait l'occasion aux jeunes de faire la tournée des voisins et puis de boire encore quelques bonnes gouttes à quatre ou cinq heures du matin en emmenant les jeunes mariés avec eux s'ils les avaient trouvés.

- En principe, ils les trouvaient toujours car ils n'étaient jamais bien loin : ils y allaient à pied. Et pendant ce temps, les maitresses de maison commençaient à rassembler toutes ces assiettes, ces couverts et à faire une grosse vaisselle car parfois, le lendemain, il y avait encore du monde d'invité.

Bien souvent, à l'occasion de noces, des couples se sont formés, entre garçon d'honneur et fille d'honneur par exemple, c'était une occasion de rencontres et on le disait : *« Il l'a counniu à la noucha de son cusin.* (Il l'a connue à la noce de son cousin) ».

Pendant la noce, il n'était pas question d'aller traire les vaches au milieu du repas donc, en général, on sollicitait les voisins à qui on avait expliqué le travail un petit peu la veille ; et le lendemain, les voisins venaient boire un coup ou manger un petit morceau.

La noce se terminait rapidement : le dimanche soir, tout le monde était au pansage des animaux et le lundi, jeunes mariés ou pas, le travail reprenait de plus belle et bien souvent la cohabitation avec les beaux-parents n'était pas toujours très harmonieuse... Mais c'était la vie d'autrefois...

- La noce étant terminée, il restait la « soupe en vin » qui pouvait se faire dans la semaine, assez souvent le samedi, mais le jour était souvent choisi à l'insu des mariés. Il fallait arriver pour les surprendre au lit : s'ils étaient levés, on les couchait ! Des fois on les trouvait tout habillé au lit ! Et on leur donnait la soupe en vin : c'était de l'eau sucrée et du vin. On en donnait aux mariés et, c'était souvent servi dans un pot de chambre (qui n'avait jamais servi) et tout le monde devait goûter.

- La plupart du temps il y avait un accordéoniste et ça passait presque la nuit entière à chanter et à chahuter car les mariés avaient quand même prévu le coup : ils ne connaissaient pas toujours le nombre d'invités car des fois des jeunes de hameaux d'à côté venaient se joindre à la troupe.

- Une deuxième version de la soupe en vin existait lorsque l'un des mariés était veuf ou veuve : dans ce cas-là ça prenait le nom de « *tracassin* » et c'était quelque chose de plus spectaculaire que la soupe en vin. Il fallait faire du bruit ! Ça pouvait prendre des allures d'émeute de village et les mariés avaient intérêt à prévoir largement de quoi offrir à boire à tout ce monde qui arrivait !

Et il leur fallait se lever vite pour que ça ne tracasse pas trop longtemps car un bruit épouvantable était fait avec toutes sortes d'ustensiles jusqu'à ce que les mariés ouvrent la porte.

- Des fois, ils n'avaient peut-être pas bien envie d'ouvrir la porte, ils se sentaient dérangés, mais par obligation, ils n'avaient pas le choix.

Le décès

Tous ces braves gens vont un jour mourir... Eh oui !

Autrefois les docteurs étaient rares et on allait les chercher vraiment lorsque c'était indispensable. On avait surtout recours à des guérisseurs, des « rebouteux », qui avaient tous leur spécialité ; finalement on arrivait à un âge avancé sans avoir beaucoup consulté le corps médical… Et un beau jour, le pépé ou la mémé se mettait au lit et ne se relevait pas. Ceci donnait lieu à un grand cérémonial.

- Avant le décès déjà, on allait chercher le prêtre pour l'extrême onction, qui était obligatoire, le curé arrivait parfois juste à temps mais les derniers sacrements étaient quand même donnés. Parfois, lorsque le docteur venait, c'était plus pour faire le certificat de décès que pour soigner.

En ce temps-là, presque tout le monde mourait dans son lit, chez lui. Même ceux qui étaient à l'hôpital, à la dernière minute, étaient renvoyés chez eux. Même si la mort avait déjà frappé : tout le monde finissait dans son lit.

Lorsque la mort était là, il fallait faire la toilette du mort, par la famille et par les voisins que l'on allait chercher : dans les hameaux, il y avait une très grande solidarité le jour où un décès survenait. Certains avaient l'habitude et habillaient le mort dans son plus beau costume, voire celui de son mariage pendant que d'autres allaient au bourg pour faire sonner les cloches et annoncer le décès : tous les gens étaient avertis et la plupart savait, au son des cloches, s'il s'agissait d'un homme ou d'une femme et son âge.

- Si on n'était pas bien sûr d'avoir entendu, on attendait l'angélus du soir car le soir on entend mieux…

Ensuite, on allait à la mairie faire toutes les déclarations nécessaires. Il fallait aussi commander le cercueil qui était fait par le menuisier du village lequel allait prendre les mesures directement sur le lit du défunt.

- Il faisait également office de croque-mort et, pour l'occasion, louait les services d'un agriculteur voisin qui conduisait le mort au cimetière avec le corbillard tiré par un cheval doux et lent, tout habillé de noir.

- Pendant ce temps, à la maison, d'autres « demandaient à l'enterrement ». On disait ça : « demander à l'enterrement ». C'était une invitation à assister aux funérailles. Il y avait une liste de proches à inviter.

- J'y suis allé plusieurs fois ! Je prenais la bicyclette et on me donnait une région à faire. Si par exemple, on était en mauvais rapports avec des cousins, ils ne venaient pas à l'enterrement car ils n'avaient pas été invités. Il devait y avoir des histoires d'héritage, sûrement !

S'il y avait de la famille loin, on envoyait une dépêche, apportée par le garde champêtre. On « demandait » à la prière aussi, pour le soir : on en faisait au moins deux, deux soirs de suite, faite par une personne qui lançait la prière et l'assistance faisait les « répons ». Les enterrements avaient lieu parfois le dimanche.

On veillait le mort, des voisins se relayant toute la nuit.

- Il est arrivé que des morts mal surveillés soient « abimés » par des rongeurs, voire par des chats !

Les lits étaient décorés, avec des feuilles de lierre. Le mort tenait un crucifix et un chapelet dans les mains, la lumière était tamisée, on arrêtait la pendule jusqu'à l'enterrement. Il y avait aussi une bougie, de l'eau bénite et un petit rameau : chaque ferme possédait un morceau de buis béni qui datait du jour des Rameaux et avait une bouteille d'eau bénite prise dans le bénitier « au cas où ».

Tout le monde mettait de l'eau bénite sur le corps et faisait le signe de croix avec le rameau : c'était un rituel obligatoire.

- Chaque fois qu'il y avait une veillée mortuaire, ça dérangeait les hiboux qui venaient hululer sous les fenêtres alors on disait que c'était signe de mort. Le chat-huant, la hulotte, chantait beaucoup l'hiver et les personnes âgées disaient : « ça sent la mort ! ».

Dans la journée, le lendemain du décès, les parents et amis venaient rendre une visite au mort, à la maison. Malgré l'atmosphère de recueillement, il fallait offrir un petit quelque chose aux visiteurs – café, etc. On évoquait la vie du mort, on le faisait revivre un peu, et toujours avec de bons mots.

Les gens du hameau accompagnaient le défunt depuis sa maison jusqu'à l'église. Les enfants de chœur et le curé venaient à la rencontre du corbillard et précédaient le convoi jusqu'à l'église. Quatre anciens ou conscrits tenaient quant à eux les cordons.

Les cloches sonnaient à chaque angélus jusqu'à l'enterrement qui pouvait attendre deux ou trois jours.

- Le moment le plus pénible pour la famille était lorsque l'on clouait le cercueil... Ça résonnait... C'était vraiment la fin cette fois.

- C'était une épreuve, d'autant que ça pouvait être des enfants, des femmes mortes en couches, de jeunes personnes parfois emportées par des épidémies. Il y avait des vagues de grippe espagnole, de tuberculose où des familles entières partaient parce que c'était contagieux.

Autre moment pénible : lorsque les fossoyeurs jetaient les premières pelletées de terre sur le cercueil.

- Tout le monde allait jusqu'au cimetière, après avoir béni le corps dans le chœur et avant les remerciements : c'était pénible ça aussi les remerciements ! C'est après les remerciements, que l'on recouvrait entièrement le cercueil, quand il n'y avait plus que la famille.

Après le cimetière, la famille et les amis avaient rendez-vous à la ferme où on leur offrait le café, les tartes, la brioche. On faisait revivre le mort encore une fois à cette occasion : c'était l'occasion de retrouvailles.

- On se disait quand on ne se voyait pas souvent : « On se retrouve encore pour un mort !... ».

Ensuite, la vie reprenait son cours...

La vie au rythme des saisons

Autrefois, dans toutes les fermes, on vivait au rythme des saisons.

La saison la plus difficile était la sortie de l'hiver car les réserves emmagasinées s'épuisaient peu à peu : il ne restait que très peu de lard dans le saloir, le *vincuit* allait se terminer... Alors on faisait un peu de soupe mais le pain, qu'il soit de blé, de maïs ou de sarrasin était un peu sec à manger ainsi. Tout ceci n'était pas très varié d'autant que l'on ne pouvait pas conserver plus que la conservation naturelle le permettait.

On attendait donc avec beaucoup d'impatience de voir la première vache qui ferait son veau car cette dernière aurait du lait.

- Oui, ce n'était pas le veau qui nous intéressait d'abord mais le lait, car au bout de quelques jours, la lactation augmentait et le veau étant petit ne pouvait tout téter. Mais la quantité restante n'était pas énorme pour une famille nombreuse comprenant les parents, les grands-parents et les enfants : il y avait beaucoup de bouches à nourrir et l'on attendait avec impatience qu'une deuxième vache fasse son veau.

Le premier fromage était le fromage blanc que l'on faisait avec le lait non écrémé ; il était donc riche et plus nourrissant.

- Oui, mais on n'en mettait pas très épais sur les tartines ! Et il y en avait très peu, c'est pour ça que ça ne valait pas le coup de l'écrémer, car on écrémait encore assez souvent sans écrémeuse : on laissait monter la crème sur le lait que l'on enlevait avec une grosse cuillère, une sorte de louche : « *l'ékemieüre* ».

- La tartine était parfois agrémentée. Mon père mettait des oignons ou des échalotes tranchées. Ils étaient cultivés à la ferme et se conservaient longtemps, jusqu'au printemps. Le grand-père, il mettait de la moutarde.

- Moi j'aimais bien avec du blanc de poireau, quelques tranches. Les poireaux, on en avait au jardin pour faire la soupe. Par contre, on n'utilisait pas les radis, on ne connaissait pas.

Petit à petit, une deuxième puis une troisième vache mettait bas alors on écrémait et on en mettait un peu plus épais sur les tartines. Avec la crème on faisait du beurre.

- Les enfants accompagnaient le fromage blanc d'un peu de sucre ou de *vincuit* s'il en restait.

- Oh, oui : c'était très bon du fromage blanc avec du *vincuit*. Parfois, on mettait un peu de crème et on appelait ça « *lou kêmion* ».

Puis arrivait le printemps. Les travaux pénibles augmentant, on prenait quatre repas par jour dont les principaux éléments étaient pain, gaudes et gaufres.

Lorsque l'on en avait en abondance, avec le fromage blanc on faisait du fromage fort qui était très apprécié avec les gaufres, des gaufres au blé noir, non sucrées évidemment.

Il fallait attendre assez longtemps dans l'année, dans l'été, pour avoir d'autres produits issus de la ferme. Il n'y avait pratiquement pas de poulets et on préférait les vendre. Un peu plus tard, arrivaient les fraises, les cerises, les pommes – notamment les pommes moisson qui mûrissaient en juillet – dont on faisait des marmelades, des compotes.

- Oui mais pas dans le temps, pas les anciens...

Dans le jardin, en légumes de printemps, il y avait de la salade, des petits pois, des pommes de terre...

- Le soir, on faisait une marmite de pommes de terre...

- Oui mais les vieilles on en avait jusqu'au milieu de l'été quand même car on ne faisait pas comme maintenant : les toutes premières, on les mangeait en septembre-octobre.

- Et on les appréciait beaucoup les pommes de terre nouvelles ! On les prenait uniquement quand elles étaient grosses.

- Enfin, l'été ne se passait pas trop mal car il y avait beaucoup de laitages.

En plus du fromage, se faisait « *lou frézô* » à base de pain et de lait ou de pain et de vin sucré, ce qui était courant, fortifiant et très rafraichissant.

- Le matin, on mangeait un peu de « *din-nê* » : la base en était toujours le lait et la farine de blé. Le maïs était un peu abandonné durant l'été : on ne faisait plus de gaudes et le « *gôté* », le pain de maïs, on n'en mangeait pas souvent car ce n'était vraiment pas bon...

- Le peu que j'ai mangé, je me souviens que ce n'était pas bon !... Je n'ai jamais pu le faire descendre ! Ça « *agouillait* »... On appelait ça du pain mais c'était de la pâte à poulets séchée au four !... C'était un peu plus mangeable émietté et ébouillanté avec du petit-lait par exemple : la « *frézô bouilla* »

La fin de l'année était synonyme d'abondance. Il y avait de tout : des haricots verts, des mi-mûrs, des courges... C'était alors la grosse saison des conserves pour l'hiver mais « conserves » selon le procédé naturel comme le *vincuit* pouvait l'être. Ce dernier, étant sucré et donc très nourrissant, permettait de terminer des repas parfois pauvres.

À la fin de l'été et au début de l'automne, commençait l'élevage du cochon. Plusieurs étaient élevés mais un l'était spécialement pour la famille. Selon les possibilités d'élevage, ce cochon pouvait peser de 50 à 150/200kg.

Le tuage avait lieu pendant l'hiver, période durant laquelle il était plus facile de conserver la viande. Cet élevage, comme celui des autres animaux de la ferme, était saisonnier car lié à la nature, c'est pourquoi au début du printemps, production et réserves se faisaient rares.

- Même les poules ne faisaient pas d'œufs ! Certains débuts de saisons ont été très difficiles…

- D'autant que le manque de vitamines et de soleil pouvaient entrainer des problèmes de rachitisme, notamment chez les enfants. Comme on n'était pas bien armés pour lutter contre les maladies, il n'était pas rare que des épidémies de rougeole, d'angines, de grippes ou autres fassent beaucoup de mal dans certaines familles.

- Comme souvent ceux qui avaient peu pour se nourrir avaient de maigres cochons, il n'était pas rare qu'ils tuent la vieille chèvre avec pour faire du saucisson !

- Oui, la fin de l'hiver était toujours limite…

Peu à peu, les saisons se sont trouvées « bousculées ». Ainsi, les poules ont commencé à donner des œufs plus tôt que la nature ne les aurait donnés, et ce grâce à un nouveau mode d'alimentation. Dans toutes les fermes était cultivée de la navette[5] utilisée pour la confection d'huile ; plus tard elle fut remplacée par l'œillette, de la famille du pavot. Elle était battue au fléau sur un drap, comme l'était quasiment tout d'ailleurs.

On récoltait également en petite quantité les noix, noisettes et grains de courge que l'on portait à l'huilerie du village : en retour, un résidu appelé « tourteau » était ramené. Il était dit que le tourteau rééquilibrait les céréales en protéines, c'est pourquoi on en donnait aux poules qui se mettaient ainsi à pondre un peu plus tôt que la nature ne les prédisposait.

- Elles étaient dopées quoi !

Lorsque l'on voulait des poulets à Pâques, les poules continuant à pondre, il fallait utiliser des dindes couveuses qui étaient plus grosses – 20 à 25 œufs pouvaient ainsi être couvés – et étaient bonnes mères. Cette pratique a perduré jusque dans les années 1980. Cette couvaison était artificielle puisque l'on préparait une corbeille remplie de paille dans laquelle on plaçait cinq ou six pommes de terre du calibre d'un œuf afin d'habituer la dinde que l'on forçait en la recouvrant d'une autre corbeille afin de ne pas voir le jour et d'éviter leur fuite. Au bout de quelques jours, les pommes de terre étaient remplacées par des œufs.

- Chez mon père, on faisait ça avec trois dindes en même temps. Après trois semaines, l'éclosion se faisait et on donnait tous les poussins à la plus grosse des dindes. Elle était alors mise à l'étable dans un coin fermé de quatre

---

[5] Variété de colza

planches et on donnait à tout ce petit monde quelques miettes de pain et du tourteau avec la pâtée.

Au bout de quelques semaines, les poussins arrivaient à sortir et envahissaient toute l'étable.

- Il y avait d'ailleurs une très bonne cohabitation entre les poussins et les vaches : le seul inconvénient, et qui arrivait de temps en temps, c'est qu'une vache se couche sur un poussin…

- Au bout de trois semaines, les œufs de deux autres dindes avaient éclos et là, chez nous, on les mettait à la chambre du four où était la marmite de cuisson des raves, betteraves et pommes de terre que l'on écrasait pour faire « *lou brayon* » avant d'en donner aux animaux, y compris à la volaille et aux poussins qui en mangeaient très tôt. Ainsi de suite, la troisième dinde se mettait à pondre pendant que les deux autres s'occupaient de leurs poussins donc on l'emmenait au dindon pour qu'elle soit fertilisée. On allait au dindon chez la voisine qui avait également un verrat et un bouc. C'était l'usage de se prêter ainsi des mâles contre d'autres services.

Une fois grandis, arrivait le moment de lâcher les poussins dans la nature et ce, sans grillage ni clôture. Les poussins partaient ainsi très loin sans crainte des prédateurs car corbeaux, pies et buses étaient l'affaire des dindes. Putois, fouines et renards étaient également peu nombreux – les piégeurs les chassant durant l'hiver pour leur fourrure – et se tenaient assez loin des fermes. Les poussins s'en allaient ainsi chercher une grosse partie de leur nourriture : vers de terre, insectes, etc. Cette nourriture naturelle a participé et participe toujours à la réputation de la volaille de Bresse.

- Certaines poules et dindes ne rentraient pas de la journée voire de la nuit : on les retrouvait dans un buisson avec leurs petits.

- C'est incroyable les kilomètres qu'elles pouvaient faire les dindes, surtout quand il y avait des sauterelles. Des fois, il y en avait tant que certains petits coins de foin que l'on n'avait pas eu le temps de faucher étaient dévastés par les sauterelles.

Un peu plus tard, pour Pâques, les poulets étaient vendus au marché.

- Je me souviens, dans les fermes, bien que la race soit abondante, les poulets étaient vendus jeunes et des individus faisant trois livres étaient exceptionnels : mais peut-être que je me trompe…

- Les races étaient variées : noires, blanches et noires, grises, mais très peu de blanches.

Quelques canards pouvaient compléter la basse-cour ainsi que des oies. Il était d'usage de faire un petit troupeau d'oies lorsqu'il y avait une fille à marier : le duvet était ainsi utilisé pour confectionner une partie du trousseau. Le duvet était prélevé deux fois : vivantes, pendant l'été, juste avant la mue. Et puis une deuxième fois quand elles étaient abattues.

- C'était affreux ! J'ai vu plumer du duvet chez nous, dans la chambre du four : on ne voyait plus les gens, il y en avait plein partout !

- Les pintades étaient peu fréquentes, sans doute car elles ne couvaient pas beaucoup…

- Et puis c'est très sauvage : pour couver, il fallait qu'elles se cachent, ce qui était un inconvénient.

- À l'inverse, les oies couvent facilement et font de gros œufs avec beaucoup de blanc. Ils étaient recommandés pour la pâtisserie, tout comme ceux des pintades.

La chasse et la pêche faisaient partie du quotidien. Il y avait les pêches d'étang mais aussi les « bans » lorsque la rivière était coupée. Les moulins avaient alors droit de retenue durant l'hiver donc les prairies étaient recouvertes d'eau et fin mars, lorsque les vannes étaient ouvertes afin de libérer les prés, les poissons restaient piégés sur l'herbe. Gamins, on allait les ramasser.

- Ici, on était entouré d'étangs. Chez nous, ce sont les Chartreux qui ont creusé des étangs artificiels afin de faire de la pisciculture. Le mien est un de ceux-là.

- Le poisson était une viande appréciée pour nous, surtout le poisson chat.

- Oui, mais il n'y en a pas toujours eu : les premiers que l'on a vu étaient gros. Il y avait des carpes, des tanches, des brochets, des anguilles et des blancs. Gamins, on prenait des fritures avec des lignes de fortune.

- Très peu de gens ne braconnaient pas à l'époque, surtout pour la pêche. Pour la chasse c'était plus rare : on respectait les périodes de fermeture, ce qui n'était pas le cas à la pêche. D'autant qu'il y avait des « compétitions » entre gendarmes et braconniers : il y a des histoires comme cela, de gendarmes jetés à la rivière...

- À l'époque, la chasse et la pêche n'étaient pas perçues comme étant des loisirs comme maintenant : cela plaisait à certains, forcément, mais c'était avant tout pour se nourrir. Et on aimait se retrouver pour manger une friture ensemble. Après les foins par exemple, on avait l'habitude de partager une friture, chez soi, ou, plus tard, au restaurant.

- L'été, quand nous étions enfants, la rivière n'étant pas entretenue comme maintenant, lorsque l'eau était basse, la rivière se réduisait à des poches d'eau. On entrait dans l'eau et on la troublait pour attraper les poissons. On vidait tout, si bien qu'après il ne restait plus rien ! On allait aussi souvent pêcher la nuit : c'était presque un jeu ! Comme lorsque l'on pêchait les grenouilles, à la main, à la pile. La lumière aveuglait la grenouille donc on pouvait la prendre à la main.

- Des fois, c'était aussi la pêche à la fille.... La Marthe y était allée avec son frère et moi. Il y avait de l'orage, on se dépêchait. Tout d'un coup, la lampe à carbure que nous avions explose : on avait mis trop d'eau et il n'y avait pas de lampe électrique encore. Nuit noire ! Rien que les éclairs. La Marthe nous dit : « Mais où êtes-vous donc ? ». Son frère, Paul, lui dit : « Je te vois. Viens là, tout droit. » Elle est venue tout droit mais elle était de l'autre côté de la mare ! Elle a pris le bain.

Quelques activités d'antan

- Il y a une chose qui a disparu ou quasiment, c'est la goutte, la « gnôle » comme on dit : il s'en buvait bien. On disait que lorsque les hommes avaient trop bu de vin, ils se mettaient à la gnôle !

- La gnôle a une histoire ici, qui date à peu près de la guerre de 14. Avant, il ne s'en buvait pas, car il n'y avait pas de vigne ou très peu. En 1914, ils sont tous partis la fleur au fusil et on leur servait de grandes rasades de gnôle pour aller à l'attaque. Il s'est tellement bu de gnôle que les stocks du pays furent vidés donc on fit venir des Antilles du rhum, ce qui développa la culture de la canne à sucre de manière intensive là-bas. Ceux qui sont revenus de la guerre ayant été habitués à boire la gnôle ou le rhum ont continué à boire chez eux et les jeunes ont suivi pour les imiter. C'est comme cela que s'est généralisée la consommation de gnôle et du rhum chez nous.

- Et ce n'était pas des petites rations ! C'était moitié-verre deux fois, parce que l'on avait deux jambes ! C'était la « ration de goutte » puis « la rincette » : on en rebuvait une pour « rincer ».

Le taux d'alcool et le nombre de litres étaient très réglementés par le gabelou les jours où on faisait la gnôle : vingt litres à cinquante degrés. Pourtant, vingt litres ne suffisaient pas toujours pour faire l'année dans certaines familles. On en cachait souvent un peu plus... Surtout que la gnôle servait à tout : désinfecter les plaies, nettoyer les vitres, désinfecter le cordon ombilical des veaux nouveau-nés... C'était « l'eau de la vie », littéralement. Elle était principalement à base de raisin chez nous ; un peu de fruits parfois.

- Certains adoraient la goutte. Il y a quelques anecdotes là-dessus. Un vieux de Curciat n'ayant pas de quoi faire plus de deux litres venait très tôt à l'alambic afin de boire de la gnôle à l'œil toute la journée. Le soir, complètement saoul, il charge ses deux litres sur son vélo mais tombe et casse l'un des deux ! Un autre, du côté de Montpont, en 1940, alors que l'on annonçait partout la débâcle a fendu son tonneau de gnôle à coup de hache en disant : « *Les boches ne l'arint pôs* (Les boches n'auront pas ça !) ».

Les Allemands sont passés à plus de dix kilomètres. Quand il est rentré chez lui, il a pleuré sur sa goutte perdue dans sa cave.

Les alambics étaient en nombre : fixes dans les hameaux ou ambulants se rendant dans les lieux publics, à l'inverse de la Bresse bourguignonne où ces alambics se déplaçaient dans les fermes. De même, en Bresse du Nord, les gabelous pouvaient perquisitionner toute l'année alors qu'ici l'alcool était censé avoir été contrôlé car fait sur un lieu public.

- Il y avait beaucoup de contrôle, même encore maintenant avec les privilèges que l'on ne peut plus donner ! Certains ont eu des amendes et au prix que ça leur a coûté, leur goutte doit être bien bonne !

- Le curé en faisait un petit trafic aussi, pour sa consommation personnelle. Il cachait les bouteilles sous sa soutane. Les jours d'alambic, en traversant le bourg, il ouvrait sa soutane pour faire voir aux gens : il avait six litres de pendu ! Il faisait ça toute la journée, y compris pour les autres : personne n'aurait eu l'idée de fouiller le curé !

- Et après il nous faisait la morale !...

Dans les villages et dans les campagnes, on trouvait toutes sortes de commerçants. Le colporteur était un homme se déplaçant le plus souvent à pied, avec des sacs, des ballots chargés de marchandises qu'il vendait de ferme en ferme. C'était une nécessité notamment pour trouver certains produits lorsque l'on était aux fins fonds des campagnes.

- Chez nous, Ninin faisait une sorte de colportage. Ses produits ne venaient pas de loin : il allait les chercher à Bourg au marché et les revendait par chez nous.

- Il parait qu'il vendait un peu cher...

- Il prenait un bénéfice, c'est tout. On achetait surtout de la mercerie chez lui, du caoutchouc, des épingles... Et il discutait beaucoup : les colporteurs participaient autrefois à faire connaître les nouvelles d'un village à un autre ou d'un hameau à un autre.

- Mais Ninin était particulier tout de même : il a même voulu se présenter à la députation ! Je me souviens, été comme hiver il portait de grosses vestes boutonnées jusqu'au menton, même pour faire des charrées de foin !

Dessous, il mettait des chemises blanches que des gens un peu aisés lui donnaient mais elles ne restaient pas blanches bien longtemps : le col était vite piqué de crottes de puces...

- Oui, il avait des puces et disait même : « Je dors une nuit dans mon lit et une nuit par terre comme ça lorsque je suis par terre, les puces me cherchent dans mon lit et lorsque je suis dans mon lit, elles me cherchent par terre »...

- Il faisait le colporteur en vélo puis en mobylette, mais toujours bien chargé. Il nous avertissait de son passage longtemps à l'avance en nous écrivant et on le gardait à manger ; d'ailleurs, il ne retournait pas dans les maisons où on ne lui avait rien offert ou on ne lui achetait rien. Il passait deux fois par an.

Certains colporteurs ont bien réussi lorsqu'ils arrivaient à acheter pas trop cher leur marchandise.

Un autre type de colporteur était le « *boli* », littéralement celui qui portait un ballot, une balle au bout d'un bâton. Il s'agissait d'un drap dans lequel étaient placées les marchandises, dont on nouait les quatre coins et que l'on emmanchait sur un bâton. Il portait son ballot ainsi sur l'épaule et lorsqu'il arrivait dans une maison, il défaisait les coins et étalait le tout sur la table.

- Une expression vient de là lorsque l'on ne faisait pas affaire ou lorsqu'un jeune partait en maître avec ses quelques affaires : « *Il a fa sa bôla.* (Il a ramassé sa balle) ».

Ayant peu de place dans son ballot, le « *boli* » vendait en général un seul produit à la fois dont il s'approvisionnait auprès de marchands en gros ou qu'il fabriquait lui-même, comme les allumettes par exemple.

- C'était le même principe que le « caïffa » sauf que lui travaillait pour une grande société qui ne vendait que du café[6]. La société lui fournissait un tricycle, un triporteur, qui supportait une grosse caisse carrée qui faisait peut-être un mètre cube dans laquelle il avait toutes les sortes

[6] La société était "Au planteur de Caïffa"

de café qu'il vendait. C'était un employé qui était payé au pourcentage de ses ventes.

- C'était du café en grain : le café moulu n'existait pas encore chez nous.

Nous avons eu du café assez tard par rapport à la société bourgeoise. Et lorsqu'on en achetait c'était en petite quantité. On mettait avec de la chicorée qui était moins chère.

- C'était au détail et nos parents achetaient « un quart de café » qui durait longtemps d'ailleurs.

Le chiffonnier passait de maison en maison récupérer des chiffons et « *lou pâti* » des peaux de lapins. Parfois, et avec le temps, ces deux activités devinrent communes et le « *pâti* » annonçait son arrivée en criant : « Eh pâti, peaux de lapins », « *pâti* » signifiant « pattes », donc vieux tissus.

- Certains ramassaient de la barbe de maïs aussi et du duvet d'oie.

- D'autres peaux se vendaient aussi : renard, fouine, hermine, ...

- Là-aussi certaines familles ont fait fortune et avaient des personnes qui ramassaient pour elles. C'était un marché organisé avec des foires dans les grandes villes comme à Chalon, où les peaux se vendaient en lots.

La ferraille n'était pas récupérée autrefois car le moindre élément était réutilisé à la ferme ou par le forgeron du village.

- La ferraille est arrivée dans les campagnes avec les premiers tracteurs et autres machines ayant rendu obsolètes les charrues et autres chars à bancs.

- Des vanniers passaient également dans les campagnes mais aussi d'autres corps de métier : on disait que certaines chaises ou fauteuils avaient été faits par des Italiens.

Il y avait aussi le contrebandier d'allumettes. Longtemps, la fabrication et la distribution des allumettes ont été contrôlées par l'Etat et fortement taxées. Ceci a contribué à développer une industrie de la contrebande. Un peu de soufre, de phosphore – que l'on stockait dans la mare pour éviter les risques d'explosion, un peu de bois de peuplier ou de sapin. Quelques malheureux arrondissaient leurs maigres revenus en courant la campagne la nuit venue en évitant les « gabelous » toujours prêts à verbaliser. Ces allumettes de fabrication artisanale, étaient d'après la légende, beaucoup plus efficaces que celles de la Régie Française et surtout bien moins chères. Mais chaque foyer avait une boîte d'allumettes « officielle » bien en vue près du poêle en cas de contrôle.

- Les allumettes de contrebande étaient bien cachées. Ma grand-mère les cachait dans son fer à repasser entre le fer et le socle à la place des braises.

Dans les villages, on trouvait généralement un charron qui pouvait également être forgeron afin de cercler les roues qu'il confectionnait. On l'appelait en général « *lou mêrshô* », comme le maréchal-ferrant. Plus tard, lorsqu'il y eut moins de chevaux dans les campagnes et moins de roues en bois à fabriquer, le forgeron a remplacé ces deux corps de métier. La connaissance du bois et du métal était nécessaire notamment pour confectionner du matériel agraire comme les herses.

- Certains, en fonction des époques, se sont spécialisés : par exemple dans les voitures à ressorts ou les « *r'dali* », des bétaillères. Il y en avait un à Mont-Désert.

- Certains artisans savaient tout faire : chez nous, on a eu un ancien compagnon du Tour de France qui faisait charron-forgeron mais qui allait travailler dans les maisons avec sa scie, son rabot, etc. On l'appelait « Titou Paqueu », Jean-Baptiste Gauthier. Il était très nerveux : lorsqu'il était en colère, il enfonçait des pointes dans son établi, à ras ! Son établi était rempli de pointes... Il gagnait durement sa vie : lorsqu'il avait quelques sous, il allait au marché à Cormoz acheter de la fricassée. Il en avait tellement faim, qu'il la mangeait toute en chemin... Il était joueur de vielle et en a même fabriqué. Chez nous, il a fait une chaponnière, une épinette.

- Il avait de l'or dans les mains. Je me souviens, mon père lui portait un bout de ferraille et lui disait : « Tu me fais une pelle ».

- J'allais souvent chez le forgeron étant gamin car on nous faisait porter des socs de charrues à rebattre. Parfois il le faisait tout-de-suite alors je le regardais faire : j'aimais bien le voir faire. Il y avait beaucoup de passages car on avait souvent quelque chose à refaire dans les campagnes et tous les quarts d'heure, ça buvait un coup au bistro.

- Et chacun mettait sa tournée : le forgeron et le client. On ne pouvait pas moins faire et c'était l'usage. Cela faisait tourner l'économie locale mais ça a été bien malheureux tout-de-même pour tous ces travailleurs manuels qui avaient soif et qui étaient devenus en quelque sorte dépendants de la boisson.

- Et le paysan qui venait au bourg tous les deux mois, il était content de boire un coup au village ! Mais multiplié par le nombre de paysans, ça faisait beaucoup pour l'artisan !

- Pour revenir à Titou, je me souviens qu'un jour il est venu chez nous en pleurant disant avoir mal aux dents. J'étais petit et mes parents étaient en train de traire les vaches : ça a duré un moment et je me suis mis à pleurer avec lui ! Mais je n'avais pas compris : mon père lui a servi une goutte et après ça allait mieux.

Une autre anecdote concernant Titou s'est passée à La Charme, là où il habitait. Il est allé travailler chez des voisins, où le vin était abominable, comme chez tout le monde mais un peu pire quand même, faire un « *berou* »[7]. Quand on lui demandait, un peu malicieusement, comment ça s'était passé chez ces gens notamment concernant le vin, il disait : « En mangeant ça allait à peu près mais en buvant, il n'était pas bon ! ».

- Il y en a de ces histoires tout-de-même ! Elles sont toutes vraies, même si on en rajoute un peu parfois...

- Il faut dire qu'il y avait des gens un peu particuliers – maintenant aussi – mais qui vivaient par leurs propres moyens comme pêcher des grenouilles par exemple.

Certains métiers ont disparu et étaient déjà rares dans nos bourgs comme le bourrelier : la plupart du temps, le cordonnier le remplaçait. Des bourreliers se sont installés à Romenay, Foissiat, Saint-Nizier : on leur faisait faire de beaux colliers de trait pour aller au marché. La période où les chevaux ont réellement été utilisés chez nous s'est étalée de la seconde guerre mondiale aux années 1960. Auparavant, on travaillait avant tout avec des bœufs et

[7] Un tombereau

des vaches : les chevaux étaient rares donc les bourreliers n'ont pas pu exercer longtemps dans la région.

- Mon grand-père paternel avait un cheval mais il ne servait que pour aller à la foire. Il était bien dressé car la plupart du temps mon grand-père somnolait pas mal au retour... Parfois, c'était la grand-mère qui venait dételer car lui ne pouvait pas.

- C'est comme toi les lendemains de fête...

- Ah oui ! Un jour je me suis endormi sur la faneuse : je me suis réveillé sur la route car ça "tracassait" un peu ! On avait un gentil cheval mais il ne voyait que la sortie du champ...

En Bresse, ayant des terrains gras, les chevaux étaient peu utilisés pour les travaux agricoles et lorsque l'on s'en servait c'était par deux.

- Les chevaux ont parfois eu des usages particuliers. Nos voisins avaient une grosse ferme et trois chevaux. Lorsqu'ils ont acheté un tracteur, un « Pony », il a fallu le faire tirer par les chevaux car le tracteur n'avançait pas dans nos terrains...

Nos chevaux étaient souvent des bâtards donc avaient moins de force pure qu'un bœuf, d'autant qu'un cheval travaille plus vite mais moins longtemps. Il était plus facile de travailler avec deux bœufs qu'avec deux chevaux qui avaient souvent des tempéraments différents. Les bœufs, il fallait les vendre lorsqu'ils étaient encore en forme : cela rapportait plus que lorsqu'ils étaient âgés et ne pouvaient que partir en boucherie.

- Je me souviens de gars qui partaient vendre leurs bœufs au marché le matin... et qui revenaient avec à midi.

- Oui, ça m'est arrivé pendant la guerre. Il y avait alors des réquisitions de bœufs et de génisses pour la viande. Comme mon père avait des bœufs déjà beaux, ayant peur de se les faire réquisitionner, il a voulu les vendre pour racheter des taureaux. Nous voilà donc partis un matin, vers 4h, depuis chez nous à la foire de Bourg par l'ancienne route qui faisait Foissiat, Etrez, Viriat... Tu parles d'une trotte ! Pas loin de trente kilomètres. Et on ne les a pas vendus, mais on les a ramenés en camion !

Petits détails de la vie quotidienne

- Tu te douchais comment toi Robert quand tu étais jeune ?

- C'était l'été quand il faisait beau. Je mettais un grand baquet au milieu de la cour : on se mettait tout nu… Derrière chez moi il y avait des noisetiers… Je mettais l'eau à chauffer derrière toute l'après-midi au soleil. On se faisait une bonne récurée comme on disait, et ça durait pour la semaine. Autrement, le visage et le corps – en gardant le pantalon – ou au moins les pieds et les mains c'était plus courant. Il faut dire que les pieds ramassaient un peu lorsque l'on était dans les champs, surtout dans les sabots, dans lesquels on était parfois nu-pieds.

- Mais ça dépendait aussi des familles. Dans les familles nombreuses c'était plus compliqué… Quand on était petit, c'était dans la cour, tout nu dans un baquet. Quand on grandissait, c'était moins évident.

- Il fallait d'abord tirer de l'eau dans le puits, au seau : pour remplir un baquet, il fallait déjà puiser un moment !...

- Moi je prenais de l'eau de la mare…

Il y avait sans doute tous les cas de figure. Adolescents, on descendait assez couramment à la rivière, l'été, avec un morceau de savon. Mais quand on était enfant, surtout l'hiver, les soins d'hygiène étaient tout de même relativement succincts. C'était un débarbouillage de la figure, le matin, pour aller à l'école ou à la messe. Une fois par semaine c'était un peu plus complet : on quittait la chemise !

- À partir de 12-13 ans, il était impensable que l'on se lave tout le temps tout nu !... Il y avait en plus cette promiscuité qui était dure à gérer…

- Il y avait aussi quelques recommandations parfois un peu bizarres : « tu te laves bien mais tu évites de te mouiller les cheveux ! » On avait peur de s'enrhumer…

- Notre voisine disait ne jamais s'être lavée la tête de sa vie… Il parait que c'était courant chez les dames d'un certain âge.

- D'où l'expression « sale comme un peigne » !... C'était vrai !

- On aurait du mal aujourd'hui à s'imaginer ainsi mais c'était comme cela. Les jours de battage on ne se lavait pas : ça n'aurait qu'étendu la crasse et comme on recommençait le lendemain… On se « *dépoussaillait* » la figure, c'était tout.

- Nous n'étions pas crasseux pour autant : il faut croire que le fait de dormir et d'être vêtus de tissus rêches y était pour quelque chose.

- On a fait quelques progrès de ce côté-là mais ça a été progressif, c'est le cas de le dire… D'abord, de l'eau sur l'évier ; après, un chauffe-eau mais pas de salle de bain tout de suite : on faisait bien souvent réparer l'écurie avant de faire des salles de bain, sauf dans certaines familles qui avaient quelques années d'avance.

- Il était hors de question de se laver les dents avec une brosse à dents ! J'ai attendu longtemps avant de me servir d'une brosse à dents : je me demande si ce n'est pas à l'armée... Lorsqu'arrivait le service militaire, c'était bien souvent un grand changement : douche quotidienne obligatoire, il fallait être propre, rasé,... Ça nous faisait un peu un choc mais on s'habituait.

- Pourtant à l'école, on essayait de nous apprendre les règles d'hygiène. De temps en temps, la maîtresse disait : « Je vais contrôler les oreilles ». Elle le faisait aussi pour les cous et les mains. Les poux étaient surveillés aussi : il y avait quelques gamins qui étaient tondus à ras pour éviter l'infestation mais, il n'y en avait pas tant que ça quand même par rapport à aujourd'hui.

- Tous les jours, quand on rentrait à l'école, on montrait nos mains. Un jour de visite médicale, on nous a fait une « cutie » : on nous badigeonnait sous le cou avec de l'éther pour savoir si on avait la tuberculose ou pas. Les cotons sur lesquels était l'éther avaient été jetés à la poubelle : après le départ de l'infirmière, la maîtresse nous avait montré nos cotons qui étaient crasseux !...

- Je me souviens d'une visite du médecin scolaire lorsque l'on était petits, tout de suite après la guerre : le maître ou la maîtresse nous avait envoyés laver à la pompe dehors pour être présentables devant le docteur. Lors de ces contrôles sanitaires, on nous mesurait, pesait, on regardait les dents, les yeux : c'est pour cela qu'à l'âge de dix ans, on a vu que j'étais myope.

- Il y avait plus de contrôles sur les chevaux qui étaient mobilisables pour la guerre que sur les gens !

Concernant les WC, il y aurait aussi des choses à dire : cela n'existait pas.

- Si, ça existait : c'était à l'écurie, derrière le buisson, derrière le « *paillis* »...

- ...et l'été c'était derrière le rosier !

- Une période difficile pour les femmes a été lorsqu'elles n'ont plus porté la culotte fendue : avec, elles pouvaient faire leurs besoins debout, comme les hommes.

Toujours est-il que chacun était discret et un peu pudique aussi : cela allait de soi, c'était une coutume. On ne se posait pas de question à l'époque, et il n'y avait pas de question à se poser non plus : il n'y avait pas d'autre moyen. Le papier hygiénique n'existait pas non plus : c'était une poignée d'herbe ou des feuilles.

- Et on peut s'y attarder un petit peu car on savait bien différencier une ortie, d'une feuille de chêne ou de betterave ! Le plus doux était réputé être la feuille de maïs ou la rafle, le « *panouillon* ».

Il y a eu quelques fois une cabane « au fond du jardin » mais sans l'eau courante, un trou, avec des pages du journal local coupées en petits morceaux et accrochées à un clou. Avec le temps, le trou pouvait se vider et aller directement dans la fosse à purin par exemple. Certains ont été conçus au moment où des subventions étaient allouées pour construire des fosses à fumier, celles en béton.

Pour les personnes malades et pour les anciens, il y avait les vases de nuit et les seaux hygiéniques, ou les chaises percées.

- La première fois que j'ai vu un WC, j'avais cinq ou six ans : j'allais avec ma grand-mère chez une cousine à Bourg chez qui c'était moderne. Il y avait une sorte de caisson dans une pièce : il fallait grimper dessus et tout se faisait dessous. C'était tout simple, sans chasse d'eau, avec parfois un gros bouchon en bois.

- À l'école, on avait des WC à la turque mais les portes étaient disposées de telle sorte que lorsque l'on se baissait, on nous voyait à cinquante mètres sous la porte ! Et ça ne fermait pas à clé non plus : il fallait trouver une copine pour rester devant la porte à qui on disait : « Tu me tiens ».

- On en a appris des choses à l'école quand même… Lorsque l'on allait au WC nous les garçons, le mur faisait un peu plus d'un mètre : le plus fort c'était de pisser par-dessus !

- Bref, malgré tout ceci on n'en est pas mort !

- Non mais quand on y repense, on aurait beaucoup de mal maintenant…

- Et quand on pense par exemple au gros tas de fumier qui était dans chaque cour de ferme, qui coulait partout et s'infiltrait dans les nappes… On utilisait l'eau du puits quand même…

« La dépêche », le télégramme, était le moyen le plus rapide pour prévenir : il n'y avait pas le téléphone. Elle n'annonçait pas souvent de bonnes nouvelles : c'était elle qui prévenait les familles qu'un des leurs était tombé pendant la guerre 14-18.

La dépêche était un petit papier bleu qui était reçu au téléphone, par la cabine au village ou à la Poste. C'était d'ailleurs bien souvent l'unique téléphone. Lorsqu'elle arrivait, on la portait au garde-champêtre ou à quelqu'un de disponible – car c'était souvent urgent – qui l'apportait à la famille ou à la personne concernée.

L'urgence résidait souvent en la mort d'un proche ou, plus anecdotique, la saisie d'une bête à l'abattoir : on avait alors 48 heures pour la reconnaître.

- Moi j'ai connu un cas heureux d'annonce par la dépêche : la naissance de mon premier neveu qui a 56 ans est arrivée ainsi à la maison.

- Pour le mariage de ma sœur aînée également en 1951. Le garde est arrivé et mon père a dit : « *Teu qué arreve ?* (Qu'est ce qui arrive?) ». Mais c'était des félicitations.

À Saint-Nizier, le premier téléphone était à la Poste puis il y a eu deux ou trois numéros de téléphone privés, à commencer par les commerçants. Les vétérinaires et les médecins avaient le téléphone chez eux pour des raisons professionnelles évidentes.

- À Curciat, on a eu la cabine pendant très longtemps. Il y avait d'ailleurs une cabine dans chaque gros hameau. Ce service était communal donc différent d'un village à l'autre. C'était les communes qui payaient l'installation.

Les cabines ont ensuite été remplacées par un téléphone de hameau qui était public : mais personne ne savait s'en servir ...

- On en avait un chez nous, à Béroude, donc on voyait défiler du monde, de très tôt le matin à très tard le soir en fonction des urgences. Comme les gens ne savaient pas s'en servir, ils disaient : « Fais-le pour moi et dis çà ! ». La personne qui tenait le poste était habituée.

- Le téléphone est arrivé assez tard dans les maisons. Un jour, dans les années 1977-1980, le maire est passé dans toutes les maisons en disant : « On met le téléphone partout : il faut le prendre ». La moitié des vieux a dit : « *Teu qu'on va faire de cintie ?* (Y'a pas besoin de ça ! Qu'est ce que l'on va en faire ?) ». Le maire s'est fâché et, mis à part un ou deux récalcitrants, tout le monde a pris le téléphone.

- C'était déjà les téléphones à câble à cette époque. Auparavant, il y avait les téléphones à deux fils et ceux où on tournait une manivelle pour aboutir à un centre téléphonique où on annonçait le numéro et le lieu souhaités. Une opératrice disait alors : « Une heure d'attente : vous maintenez ? ».

Il n'y avait pas encore d'abonnement : on payait à la communication, hormis en local où c'était un forfait. Une fois la communication terminée, l'opératrice rappelait et annonçait le montant de la communication qui était réglé à la personne qui tenait la cabine ou qui possédait le poste : la somme était ensuite donnée à la mairie.

- Comme on avait un téléphone ici, à la maison, pour le hameau, on se souvient bien de ça. Lorsque l'on n'était pas là, les gens venaient, appelaient et laissaient leur monnaie. Mais je savais qui était venu, entre ceux qui avaient des vaches et ceux qui avaient des cochons... À l'odeur... Surtout que l'on appelait en priorité le vétérinaire, l'inséminateur, le docteur.

- Vous étiez au courant de tout ce qui se passait alors ?

- Un peu et c'était parfois gênant lorsque les personnes souhaitaient que l'on appelle pour eux le médecin par exemple. Il fallait annoncer le pourquoi de la consultation mais elles ne voulaient parfois pas le dire... C'était embêtant... Au hameau, on avait la Clarisse, une dame fort âgée bien rigolote. Elle arrivait en bicyclette et marchait toujours très vite.

Un jour, elle arrive à la maison ainsi et me dit : « Tu appelleras le docteur Lefort : je suis très malade ! Je suis malade, tu lui diras qu'il vienne tout de suite ». J'appelle donc le médecin avec la Clarisse à côté de moi qui continuait à dire de façon énergique : « Je suis très malade. » Je dis donc au docteur qu'elle est très malade et qu'elle souhaite qu'il passe la voir au plus tôt. « Oui oui on ira bien quand on aura le temps » qu'il me répond, parce qu'il l'entendait gesticuler à côté de moi ! Tu parles : elle était déjà venue en vélo, et elle n'était pas toute jeune !

Nous avons connu beaucoup d'autres nouveautés comme la radio par exemple.

- Nous on l'a eue en 1951.

- On l'a eue un peu plus tôt, dès les premières années de guerre on écoutait Radio Londres. Parfois, c'était brouillé. Je me souviens, un soir, mon père écoutait car il devait y avoir un parachutage : on allait aux parachutages avec les bœufs chercher le matériel. On écoutait, on attendait, puis ils ont mis une musique : c'était « Le Boléro » de Maurice Ravel ! C'est sans fin ! Et la musique ne s'est jamais arrêtée : les lignes avaient été brouillées ! On a entendu ça toute la soirée et le message n'est pas passé.

- Ce qui est extraordinaire c'est qu'à l'époque, on pouvait écouter Radio Londres sans problème mais aujourd'hui on a du mal à écouter France Inter !

- Ou Radio Bresse !

- En 1951 on écoutait Radio Moscou : on ne comprenait rien mais on écoutait quand même ! On écoutait bien sûr Radio Luxembourg, « Reine d'un jour »...

- Ma première radio, c'est moi qui l'ai faite ! Enfant, j'étais abonné à « Bayard » et un jour, un article expliquait comment faire un poste à galène alors je me suis mis en tête d'en faire un. Il fallait une boîte de camembert, une feuille de papier à beurre, une aiguille, une galène et une antenne. Et ça marchait ! Alors on cherchait sur la galène et celle qui marchait le mieux c'était Radio Toulouse.

Compte-tenu de la longueur de l'antenne, on prenait telle ou telle radio. Moi, je l'avais installée sur le fil à linge !

- Les premières radios avaient des lampes : elles s'éclairaient tout doucement car il fallait faire chauffer l'appareil avant de pouvoir s'en servir.

- La radio a changé les habitudes des familles : on écoutait tout religieusement. On gobait les pubs avec une facilité !

- Mon père qui était bon public riait aux éclats en écoutant la radio et les émissions comme « Radio Crochet ». C'était des gens qui chantaient et lorsqu'ils étaient hués par le public on leur disait : « Allez donc vous faire laver la tête. Avec Dop, c'est toujours un plaisir. Dop ! Dop ! Dop ! ».

- Mon père a acheté un poste en 1939. Il avait vendu ses gros bœufs et avec la différence il avait acheté un poste : c'était cher. Quelques mois après, à une tombola, j'ai gagné le même !

Quelques journaux circulaient dans les hameaux. Mon grand-père était abonné à « L'Indépendant » avec le voisin. On le lit toujours.

- Les agriculteurs lisaient « L'Ain Agricole ». Chez nous c'était « Voix de Bresse et des Dombes », un journal qui était dirigé par l'évêché : aujourd'hui, il s'est transformé et est devenu « Voix de l'Ain ». C'était le journal des « calotins » : les communistes lisaient « La Terre », créé par Waldeck Rochet, né à Sainte-Croix-en-Bresse. Chacun était abonné à son journal mais nous n'avions pas d'écho des journaux parisiens.

- Pour les jeunes, c'était pareil : toi tu étais abonné à « Bayard », chez nous on était abonné à « Fripounet » et « Marisette ».

- Moi qui étais dans une maison « coco », c'était « Vaillant » ! On le recevait tous les jeudis.

- Eh oui, à l'époque, il y avait ce que l'on appelait « les blancs » et « les rouges » dans les villages. On ne se tapait pas dessus mais il y avait quand même des distances. Un gars communiste qui fréquentait une fille qui allait à la messe, ça ne passait pas bien...

- De toute façon c'était difficile car ils ne fréquentaient pas les mêmes endroits !

- Ça créait pas mal d'histoires tout de même et maintenant il nous en reste des anecdotes : vers 1900, un gars de Curciat qui était vraiment de gauche, plus que radical-socialiste, assistait au dépouillement des élections municipales avec un ami et ça n'arrêtait pas de sortir des bulletins de « blancs ». Il disait : « *On ne va pô pôchê !* (On est foutu ! On ne va pas passer !) ». Et l'autre lui répond : « *T'in fa pô, é na chourtiä de mecha* (T'inquiète pas : c'est une sortie de messe) ». Cela s'est avéré vrai un peu partout.

- Le civisme était alors très enraciné : il n'y avait pas si longtemps que cela que les gens votaient donc ils y croyaient encore ! Mais, chose extraordinaire : tous les communistes étaient baptisés et enterrés à l'église. La tradition était plus forte... mais lors d'enterrements, les « rouges » n'entraient pas dans l'église, pour marquer leur différence. Et ils n'allaient pas à la messe, bien entendu. En général, ils allaient jusqu'à leur première communion et c'était tout.

La fête patronale

À la campagne, rares étaient les occasions de divertissements, d'amusements. La fête patronale était vraiment la fête que l'on ne manquait pas. Elle avait lieu dans chaque village : les premières en avril, les dernières fin septembre. Tout le monde y participait. Même si elle avait lieu pendant les foins, on s'organisait afin de pouvoir en profiter.

Il fallait que les fermes soient propres et accueillantes ce jour-là : la cour était balayée, les buissons taillés, on rangeait les outils. On invitait la famille qui était « un peu loin », et réciproquement. Pour l'occasion, on faisait dans le four de la ferme, beaucoup de tartes et de brioches.

- On s'invitait la veille, lorsque l'on défournait. On était fier de faire de belles tartes, on disait aux voisins : « *Veni don goutê ma têtra* (Venez donc goûter ma tarte) ». C'était des tartes au « quemeau », au fromage, et des tartes sèches aussi.

La fête était associée au saint du village : à Curciat c'était Saint Laurent, autour du 10 août ; à Saint Nizier c'était Saint Antoine, saint vénéré pour l'animal qui l'accompagnait et auprès duquel on faisait des pèlerinages en Bresse, le cochon.

- Je connais une anecdote sur cette fête qui avait lieu le 17 janvier et qui ne faisait pas le bonheur des bistros du village car on consommait moins qu'en été. L'hiver arrêtait quand même les gens pour aller à la fête. Donc les cafetiers ont voulu la reporter au Saint Nizier qui était fêté le 7 juin et ont donc boudé la Saint Antoine. Seulement le maire de l'époque qui tenait pour le curé – on différenciait les blancs et les rouges à l'époque : proches de l'église ou non – a demandé un couvre-feu qui a eu lieu, aidé en cela par la gendarmerie venue avec des renforts. Les gens présents sont partis et la fête n'a pas eu lieu. Cela s'est passé autour de 1900. L'année suivante il y a eu élections : le maire n'a pas été réélu et depuis, la fête a lieu le premier dimanche de juin.

Pour la fête, l'attraction avait lieu, non seulement dans les fermes, mais aussi au bourg : il y avait le bal, les manèges des « *blainquis* »[8] que l'on connaissait avec le temps.

- Tous les ans, à Cormoz, un gars enfermait ses poules pour la fête, la « *mieu* », car elles disparaissaient et il pensait que c'était les nomades qui les lui prenaient. Une année, il a surveillé et il s'est aperçu que c'était son voisin, qui pensait faire passer ce larcin sur les forains.

- N'empêche que ces gens n'étaient pas très regardants sur la nourriture. Lorsqu'ils étaient dans le coin, les chats disparaissaient… Ils mangeaient les hérissons aussi.

- Dès leur arrivée, ils pêchaient les grenouilles mais c'était pour les vendre aux restaurants et se faire ainsi quelques sous. Ils avaient un sacré coup de main pour prendre les grenouilles ! Ils les pêchaient toute la semaine,

---

[8] Les forains

les conservaient dans un sac pas trop épais et les livraient le vendredi au restaurant qui les avait achetées et qui embauchait des dames pour défaire les grenouilles.

- Je me souviens, enfants, pour la fête, on se battait pour aller faire quelques courses au bourg et voir les forains qui montaient le bal et les manèges : c'était une attraction !

- Il y avait de l'ambiance ! Du monde plein le bourg !

- Moi, c'était le jour où j'avais le plus d'entrain à aller à la messe !... On me donnait une pièce et j'en profitais pour faire du tir à la carabine en même temps : je rentrais tout fier d'avoir gagné ma cocarde... La cocarde, on l'a trouvait également sur les manèges pour enfants : si on la décrochait, on avait un tour supplémentaire. Après, c'est ce qu'on a appelé le pompon.

Il n'y avait ni feux d'artifices, ni défilé, même s'il y avait une fanfare. Il n'y avait pas d'organisation non plus comme les comités des fêtes de nos jours : tout se faisait normalement, naturellement, d'une année sur l'autre, toujours de la même manière. Ce type de comité est apparu chez nous dans les années 1950-60. Avant, avaient déjà été créées ce que l'on appelait les « fêtes de la terre » par la JAC et le Parti Communiste.

- D'autres fêtes ont eu un écho important à l'époque comme celles organisées pour le retour des prisonniers.

- Deux fêtes de l'air ont même été organisées en 1947 et 1948 : on avait alors envie de se changer les idées, de faire la fête, de se retrouver…

- Après, on a eu d'autres types de fêtes : les fêtes de battage, les jeux inter-villages durant lesquels on se prenait au jeu, on s'entrainait ! Chaque village avait ses spécialités : courses en tracteur, attraper des cochons, porter des bottes de paille, etc.

Le bal, qui était monté, avait lieu le dimanche soir de la fête : c'était le bal des jeunes, où on avait le droit d'aller dès quatorze ans. Tous les jeunes s'y retrouvaient, très nombreux car la population avoisinait les 1 500 habitants, dont beaucoup de jeunes.

- Maintenant, on est que 600 et il n'y a que des vieux...

Le lundi, pour le « retour », c'était le bal des couples.

- Les bals étaient tenus par des entreprises : chez nous c'était Tissot de Pont-de-Vaux puis les bals Voisin de Montpont. Ça aussi, ça faisait partie du folklore de la fête patronale.

La fête était l'occasion de dépenser un peu plus. Les valets abusaient aussi un peu plus du gros rouge ou du mousseux... De temps en temps il y avait une bagarre car les gens du village d'à côté venaient.

- Pour la fête, on avait un billet que l'on était content de dépenser à notre guise notamment sur les manèges : il y avait les chevaux de bois, le pousse-pousse, le tir à la carabine, des jeux de boîtes, des jeux de force.

- Oui, il y avait le jeu du fer : il fallait faire monter un fer à repasser le long d'une rampe. C'était pour les costauds. Celui qui gagnait remportait une bouteille, une piquette abominable d'ailleurs...

- Il y avait le casse-pipe où il fallait tirer sur des pipes en terre : c'était à celui qui en avait le plus, et celui qui en avait le moins payait la tournée.

- La fête et ses forains apportaient une touche d'exotisme à notre vie qui était quand même monotone. Parfois, un cirque passait avec une chèvre, un petit singe, un chien savant : mais c'était tout de même rare et comme on avait peu d'argent, on y allait peu...

Les fêtes aujourd'hui n'ont plus cette dimension locale, spontanée et sans énormes retombées financières. On n'était pas saturé de distractions : il n'y avait rien donc on allait à la fête.

- C'était la fête pour tout le monde.

La procession des pivoines

Tous les ans, aux alentours de la Fête-Dieu, avait lieu la «procession des pivoines » : c'était la période où il n'y avait que cela comme fleurs d'où ce nom.

- Un parcours était organisé auprès de toutes les croix de la paroisse. Il y en avait à la « Ripette », à Béroude, plusieurs dans le bourg et çà se terminait par la statue de la vierge au carrefour, avant de retourner à l'église. Le curé était dans une sorte de dais avec des brancards et du tissu autour et quatre personnes qui l'accompagnaient.

- Mais alors, il était porté ?

- Non il marchait et c'était malheureusement assez triste ! Car c'était toujours des gens mutilés de la guerre de 14. L'un avait une jambe de bois, l'autre n'avait qu'un bras...

Devant, des jeunes et des enfants portaient de petites corbeilles décorées remplies de pétales qu'ils lançaient de temps en temps sur la chaussée. La foule suivait derrière et à chaque croix, des prières et des chants étaient dits.

- Il y avait aussi la bénédiction des croix. Je me souviens d'une croix qui avait été implantée à Béroude à six kilomètres du bourg, le curé avec les enfants de chœur et d'autres personnalités étaient venus bénir cette croix qui existe toujours d'ailleurs. Elle a même été restaurée récemment.

- Ces croix étaient souvent érigées pour commémorer le passage d'une « mission » c'est-à-dire le passage de l'évêque qui était venu raviver le christianisme au fin fond des campagnes. On dit aussi que c'était pour rappeler une apparition ou un miracle !

D'autres fêtes religieuses, plus ou moins païennes d'ailleurs, avaient également lieu, ressemblant plus à des superstitions qu'à de vraies croyances ! La fête des souris, des « rattes » en patois, qui était fêtée à Varennes le 30 décembre. La fête des cochons, le 17 janvier à Saint Nizier. La fête des « bêtes » c'est-à-dire des animaux autres que cochons et souris le 31 décembre. La fête des innocents, des convulsions, des serpents…

Il y avait toujours une messe où curieusement les non pratiquants étaient très présents ce jour-là et qui demandaient dans leurs prières de ne pas avoir de souris dans leurs placards, de ne pas être mordus par un serpent dans l'année, d'avoir des enfants sains, des animaux – cochons ou autres – en bonne santé, etc.

- Le 31 décembre, il ne fallait pas aller à l'étable aux environs de minuit car les bœufs avaient le privilège de parler comme des humains entre les douze coups de minuit, et le maître mourrait dans l'année si quelqu'un les entendait !

- Ces fêtes donnaient parfois lieu, en plus de la messe, à des réjouissances populaires : bals, repas et beuveries diverses !

Histoires de veillées

La Bresse est connue pour avoir ses histoires de vouivres ou de dames blanches que l'on se racontait souvent à la veillée. La dernière dame blanche « connue » dans les environs a été vue à Cormoz.

- Mais qu'était-ce au juste une dame blanche ? Un fantôme ?

- Dans l'esprit des gens, probablement. Celle vue à Cormoz ne remonte pas si loin que cela puisque la « victime » avait fait la guerre de 1870 : ce devait donc être juste après... Un soir où il travaillait très tard dans son champ, la nuit étant tombée, il aperçoit sur une « tronche » dans le champ du voisin une dame blanche qui gesticulait, qui faisait des grands gestes, qui disparaissait puis qui revenait... Il était bien « dégourdi » mais il s'est dit : « Quand même, qu'est-ce que c'est que ça ? Je vais peut-être rentrer... » Il est donc rentré, en jurant qu'il reviendrait le lendemain... Il revient le lendemain, s'attarde aussi le soir jusqu'à ce que la dame blanche revienne, de la même manière que la veille. Il se saisit alors de son fusil et fait péter quelques coups en l'air. La dame blanche disparait alors. Le jour suivant, il revient sur les lieux et trouve une échelle posée contre la tronche... Par la suite, tout est rentré dans l'ordre et on ne revit jamais la dame blanche...

- Il ne s'est pas douté du nom de la personne qui avait tenté de lui faire peur ?

- Si, car il allait y avoir conflit concernant un champ contigu qui allait se vendre et dont le propriétaire était décédé. C'était pour être dissuasif. Si c'était un esprit, il avait quand même besoin d'une échelle pour monter sur l'arbre !

- Les dames blanches en Bresse, on en a beaucoup parlé, c'est sûr. Cette histoire, à Cormoz, on en parle encore ! Mon grand-père racontait « son histoire » de dame blanche. Il avait pour habitude de rendre visite à une jeune fille et quelqu'un qui n'approuvait sans doute pas cette manière de faire se mit un drap blanc sur la tête pour lui faire peur et lui barrer le chemin. Alors mon grand-père, qui n'avait peur de rien soi-disant, avait cassé un piquet et l'avait menacé. La dame blanche s'est mise à courir et mon grand-père lui criait « Attends-moi ! Attends-moi ! ». Il ne l'a jamais revue !

Il y avait beaucoup de superstitions, beaucoup de choses qui ramenaient à des croyances un peu bizarres, pour nous aujourd'hui tout du moins !...

- Si ça faisait peur, c'était bon : ça avait un intérêt...

- Les vieux nous racontaient des histoires qui nous faisaient dresser les cheveux sur la tête des fois dans les veillées ! Je me souviens, ne pas oser aller me coucher après !

- A Cormoz, il y a eu un émule de Mandrin : *Crimpa Mailly* on l'appelait ; Pancrace Maillet en « français ». Il a sévi sur Cormoz. Sa spécialité, comme Mandrin, c'était de voler mais de prendre aux riches pour donner aux pauvres donc il avait des « indics » : des fermiers qui avaient du mal à payer leur fermage allaient le trouver ! Il leur disait : « Regardez bien où votre propriétaire range l'argent : pour ça, ne portez pas la somme nette pour qu'il y ait de la monnaie à rendre. Si vous ne voyez pas, écoutez s'il gratte dans l'armoire ou dans la paillasse ». Il leur demandait de regarder s'il y avait des portes et des fenêtres et le bruit que « l'effraction » pouvait faire… Bref, plein de renseignements pour aller voler le propriétaire et rendre l'argent au fermier ! Il devait bien en garder un peu quand même…

- Oui, on parle toujours de sortes de « Robin des bois » mais, tout comme Mandrin, c'était avant tout de vrais bandits…

- Un jour, alors qu'il passait à Montpont, Crimpa Mailly vit que les gendarmes avaient attaché leurs chevaux à un arbre près de la porte d'un bistro. Lui a attaché le sien aussi, a coupé les sangles des sellettes des chevaux des gendarmes puis a ouvert la porte du bistro et a dit : « Vous cherchez Crimpa Mailly ? Il est là ! Si vous le voulez, vous pouvez l'attraper ! ». Il s'est retourné et a sauté sur son cheval. Les gendarmes ont fait pareil mais eux, sont tombés à la renverse ! C'était un malin, il parait qu'il ferrait ses chevaux à l'envers pour brouiller les pistes.

- Il a existé quand ce Crimpa Mailly ? Au 19ème siècle ?

- On ne sait pas trop… Sans doute à la même époque que Mandrin, ou juste après… Sur Mandrin, il y a des anecdotes « officielles » entre Pont-de-Vaux et Saint-Trivier-de-Courtes où, avec ses troupes, il aurait arrêté les gendarmes et aurait défilé devant eux…

- Roger Donguy, près de Cormoz, faisait visiter le refuge de Crimpa Mailly. Devant la porte de la cave, il expliquait qu'il y avait deux verrous, au cas où il soit vendu et il y avait une issue de secours par un sousterrain qui sortait dans le bois : des fagots de bois cachaient l'entrée… Finalement, il a dû être pris car des archives en mairie de Bourg rapportent qu'il a été jugé et pendu sur la place du Bastion. Je ne sais pas tout de lui mais c'est un petit bandit qui sévissait dans le coin[9].

- Dans un autre genre, il y avait les « envoûtements » : il y en a eu un là, chez Ninin, dans la ferme où il est né, où il y avait deux vaches mais pas de terre… La mère allait le long des routes « *chantreiller* » comme on disait. Le père allait à ses journées et l'été, bien souvent, il était payé en foin à exploiter : on lui donnait un bout de mauvais pré, ou les « *bairaignons* » ou les « *chaintres* ». Ils vivaient petitement, avec deux enfants dont Ninin qui était de la classe 17.

Un jour donc, alors que Ninin était petit, des mendiants sont passés. Comme il n'y avait pas toujours de quoi manger, le père les a éconduits un peu brutalement et les mendiants sont partis en leur jetant un sort. Dans les jours qui ont suivi, des choses ont effectivement paru bizarres : les briques de la cheminée tombaient dans la marmite, l'eau de la table bougeait… N'en pouvant plus, ils se sont adressés au curé du village qui est venu avec un congénère qui « barrait » les envoûtements du côté de Pont-de-Vaux : tout est rentré dans l'ordre. Ce n'est pas si vieux et encore bien connu : il y a même eu des chansons là-dessus comme « Le diable de Béroude ».

- Enfin, c'était des gens assez simplets quand même… Est-ce que le fait qu'on leur dise « je vous lance un sort » ne les a pas travaillés un peu aussi ?...

---

[9] Pour en savoir plus : F. Guillermet, 1890, *Les joyeusetés de Pancrace*, Lons-le-Saunier, 298 p.

- Sans doute, et il y avait beaucoup de personnes qui s'ennuyaient un peu autrefois et qui prenaient plaisir à « faire des misères » aux autres.
On entendait parler aussi de la chasse volante : c'était une nuée d'oiseaux qui passaient en faisant beaucoup de bruit. On disait aussi la « sinagogue », la « *ch'negougua* » pour évoquer du bruit : une bande de jeunes qui passaient, les conscrits qui tournaient, on disait : « *v'tia na ch'nagouga que pauche* (Voilà la sinagogue qui passe) » !

- Parfois, des « choses » étaient créées afin de faire peur mais dans le bon sens : c'est le cas de la « Mèrengueule » par exemple, comme on dit en Saône-et-Loire.

- Chez nous elle s'appelait la « Mère Anguille »... Ce serait une sorte de monstre, de serpent se cachant au fond des puits et des mares. On en parlait aux enfants afin qu'ils ne s'approchent pas de ces lieux dangereux.

- Ça marchait ! On avait peur… Ce qui n'a pas empêché quelques noyades malheureusement…

- Chez nous on parlait de « l'Anguille » et de « *la serpin* ». On disait la « *serpin* » car il y avait encore beaucoup de vipères à l'époque : enfants, quand on partait pour dénicher des nids par exemple, les parents nous disaient : « *Faites va attinchion a le bétes !* (Faites voir attention aux bêtes !) ». Les bêtes, c'était les vipères mais on ne disait pas leur nom car ça portait malheur.

- Nous on était précautionneux : on apportait même une corde pour se faire un garrot !... Ben oui, ça vous fait rire mais il y en avait des vipères à l'époque !...

- En principe chez nous, les anguilles c'était dans les puits et les serpents c'était dans les mares, c'était plus des couleuvres mais ça faisait peur quand même… Surtout qu'à l'époque, tous les serpents étaient à tuer, à supprimer : tout ce qui rampait en bref. Je ne sais pas si c'était dû à l'éducation religieuse mais il est vrai que l'on tuait un serpent de bon cœur !

- Il y avait la Vouivre aussi... On en parlait plus ou moins en fonction des familles : moi je l'ai connue lorsque le film « La Vouivre » a été tourné dans le coin.

- Moi, ma mère disait « c'est une vouivre » en parlant de quelque chose de repoussant, de laid.

- Mon père, qui venait de Varennes en parlait bien lui : on en parlait plus en Saône-et-Loire. Chez nous, « *na vouivre* » c'était quelque chose de malfaisant, de méchant, de sournois.

- On parlait également des « sarrasins », « *les sharazhans* » : c'est ainsi que l'on appelait les étrangers.

- Ma grand-mère me disait toujours : « Ne vas pas sur la route : les sarrasins vont passer, vont t'emmener avec eux et on ne te reverra plus jamais. » Ça foutait la trouille ! Ça venait du temps où des gens de passage n'avaient sans doute pas eu de bonnes intentions, et c'est resté...

- Et les fameuses cheminées sarrasines : y aurait-il un lien ?

- Apparemment, « sarrasin » était le nom donné à tout ce qui était étranger ou étrange.

- Chez nous, on ne parlait pas de sarrasins mais de « *peutreaux* » : « Tu vas te faire prendre par les *peutreaux* », c'était des bohémiens. On en voyait assez souvent dans le moment. Au pont de la Lescherette, une roulotte ou deux s'arrêtaient tous les ans. On les voyait quand on allait à l'école : ils avaient des chiens. Leurs roulottes possédaient deux roues et une béquille devant : la nuit, les jeunes du village s'amusaient à faire tomber la béquille !... Ça aurait pu être très grave car il y avait souvent de jeunes enfants dans ces familles. C'était les « vrais *peutreaux* » qui braconnaient, aiguisaient les couteaux, faisaient des corbeilles.

- Certains pillaient aussi… Un matin, à Matrignat, ma mère dit : « Oh, j'ai pas pensé aux peutreaux !...» Elle avait du linge étendu : tout avait disparu.

- Ils n'avaient rien pour vivre donc ils prenaient ce qu'ils pouvaient… C'était bien souvent la misère noire chez ces gens-là. Ils allaient demander à manger : les parents envoyaient leurs enfants.

- Chez la Tante Génie, un jour deux enfants se sont présentés voulant du pain. La tante les a fait entrer, les a fait asseoir pour qu'ils mangent leur tartine à la maison et que ce soit bien pour eux !

- Une femme un jour mendiait avec son bébé pour qui elle voulait du lait. On lui a donné un verre de lait et elle l'a bu ! Les gens ont été étonnés et elle leur a répondu : « De la bouche au téton, le chemin n'est pas long ».

En guise de conclusion…

C'est ainsi que s'achève ce modeste ouvrage, recueil de souvenirs vécus et transmis au fil des générations dans un coin de la Bresse de l'Ain.

À l'issue de notre dernière rencontre, avant même que ces pages ne soient passées par les mains de l'éditeur, Robert me dit, nous laissant à la fois perplexes et décontenancés, Colette, Ginette, Gérard et moi : « Tu nous diras quels sujets tu souhaites que l'on aborde maintenant ». Devant notre air ahuri, il reprit : « Eh oui ! Tout cela m'empêche de vieillir !... »

Cette démarche de recueil et de transmission de souvenirs et de savoirs, je l'avais pris comme un complément intéressant à ce que cet homme, entouré de son épouse et de ses amis, font au sein de l'association « Patois, Traditions et Métiers d'Autrefois du canton de Saint-Trivier-de-Courtes ». Depuis plusieurs années en effet, une poignée de bénévoles sans cesse renouvelés passent leur temps à réitérer, parfois même à rechercher, des gestes accomplis jeunes ou par leurs aïeux : filer le chanvre, « *écheiller* » le maïs, parler patois, danser le « *chiberlis* » auprès de publics divers mais toujours conquis.

Cette transmission orale fut une première pour eux qui se plurent à évoquer ces temps qu'une cassure abrupte dans notre société relègue aujourd'hui pour nos enfants « aux temps des dinosaures »…

Cet ouvrage est le résultat d'une mémoire collective que l'on a su écouter, comprendre et transmettre. Non par nostalgie mais par connaissance d'un passé pas si lointain que cela…

Les auteurs

Née en 1984 d'une famille originaire de Bresse bourguignonne, **Adeline Culas** est passionnée par sa région. Depuis une dizaine d'années, elle conjugue vie professionnelle et associative afin de mettre en valeur les patrimoines qu'elle recèle. L'architecture, les paysages, les traditions, les savoir-faire sont autant de facettes de la culture bressane qu'elle aime faire (re)découvrir. Collaboratrice à diverses revues ethnologiques locales, elle est l'auteure de la chronique hebdomadaire « Traditions bressanes » depuis 2006 dans le journal « L'Indépendant du Louhannais et du Jura ».

En Bresse autrefois… Souvenirs de la vie d'antan est son premier ouvrage.

Robert Basset participe depuis plusieurs décennies à la vie de l'association « Patois, Traditions et Métiers d'Autrefois du canton de Saint-Trivier-de-Courtes ». Il y apporte ses savoirs d'homme de la terre mais aussi d'homme patient étant toujours à la recherche des gestes de ses aïeux. Dans un souci de transmission, il a réalisé de nombreux films intitulés « Reflets de vie et travaux en Bresse avant 1950 » afin que perdurent les connaissances d'antan.

Dans l'aventure de *En Bresse autrefois... Souvenirs de la vie d'antan*, il a entrainé avec lui son épouse **Ginette** et un couple d'amis, également défenseurs du folklore bressan, **Colette et Gérard Basset**, également membres de « Patois, Traditions et Métiers d'Autrefois du canton de Saint-Trivier-de-Courtes ».

Natif de Bourg-en-Bresse et pionnier des radios locales avant de devenir journaliste puis animateur professionnel, **François Belay** est un défenseur acharné du territoire bressan (la Grande Bresse, celle qui s'étend sur l'Ain, la Saône et Loire et le Jura). Président-fondateur en 2001 de l'Académie de la Bresse, il est aussi un amoureux des terroirs de France qu'il promeut chaque mois de juillet sur les routes du Tour de France dont il est le speaker officiel chargé d'animer les lignes d'arrivée.

Très attaché à la notion de transmission des savoirs, héritage d'un grand-père et d'un père artisans très impliqués dans l'apprentissage, il a tout naturellement accepté avec enthousiasme de préfacer cet ouvrage.

Remerciements

À Ginette et Robert Basset

À Colette et Gérard Basset

À François Belay

À Vita et Matthieu Guillot

À celles et ceux qui, volontairement ou non, ont apporté leur contribution à cette réminiscence de souvenirs

À celles et ceux m'ayant soutenue au cours de cette aventure et de toutes les autres

À Denis

à tous, un grand et sincère merci.

Table des matières

Récits, Mémoires, Témoignages aux éditions L'Harmattan

SUR LES TRACES DES SANS VISAGE
Récit d'une adoption
Frutier Elisa
Qui suis-je ? D'où viens-je ? À qui vais-je ressembler ? Pourquoi dois-je toujours expliquer que j'ai été adoptée ? Ces questions, toujours sans réponses, hantent Élisa Frutier. Ce récit est un journal de voyage et nous transporte dans le quotidien d'un orphelinat à Aracaju dans lequel elle a séjourné pendant trois mois. Une histoire vraie, poignante, parfois drôle, toujours empreinte d'humanité.
(Coll. Trans-Diversités, 13.50 euros, 124 p.) ISBN : 978-2-296-96242-2

TOI MON ENFANT DIFFÉRENT, MON ROI, MON ANGE
Récit d'une mère face au handicap
Sarah Linda - Préface de Philippe Pozzo di Borgo
À 26 ans Linda devient maman d'un enfant «différent». Né à six mois et demi, Yoann passe ses deux premiers mois en réanimation. Une grande bataille commence alors contre la fatalité et les pires diagnostics. Le fils de Linda vient de fêter ses trente-cinq ans, sa mère peut enfin raconter ses combats et ses victoires sur l'impossible. Ce livre témoigne de l'espoir, des doutes, des révoltes et surtout de l'amour qui a entouré cet enfant.
(17.00 euros, 170 p.) ISBN : 978-2-296-99110-1

VIVRE LA FRATERNITÉ AU COEUR DU MONDE
Maurin Maurice - Préface d'Hervé Janson
Dans la mouvance de Charles de Foucauld (1858-1916), la Fraternité des petits frères de Jésus essaie de vivre la fraternité au coeur du monde. Maurice Maurin rencontre les petits frères de Jésus en 1953. Cela le conduira en Algérie, au Maroc, en Afrique centrale, en Israël, puis en Europe de l'Est. Depuis plus de vingt ans, il vit en Pologne.
(Coll. Histoire de vie et formation, 28.00 euros, 278 p.) ISBN : 978-2-296-99184-2

TEMPS DE VIE ET TRANSHUMANCE
Carnets de voyage d'une Amazone 2004-2011
Moneyron Anne - Préface de Gaston Pineau
Anne Moneyron, auteur de plusieurs ouvrages, revient ici avec un ouvrage très personnel, écrit avec sa chair, labourée par sept ans d'épreuves. En sept ans, elle a perdu un sein, la vue à un oeil après une tumeur au cerveau. Ces pertes l'ont amenée aux confins d'elle-même et du monde. Fidèle à sa pulsion d'autoformation vitale, elle a transhumé à travers et au-delà de ses terres connues, avec un feu brûlant en elle. Elle en a fait, ose-t-elle dire, un chemin de fortune, un moyen d'autoformation existentielle.
(Coll. Histoire de vie et formation, 15.50 euros, 158 p.)ISBN : 978-2-296-96765-6

SURVIVANTE
Du Kurdistan irakien aux ports du Pas-de-Calais
Rijbroek Dominique
Ce récit est basé sur le témoignage volontaire d'une femme qui vit dans la peur. Elle évoque son enfance au Kurdistan irakien dans les années 60, au sein d'une famille de communistes en lutte contre le pouvoir en place, son métier d'enseignante qu'elle exerce tout en se livrant au trafic d'armes, la vie quotidienne dans un Kurdistan ravagé par la politique de l'Anfal. Épouse d'un universitaire, Dila possède dans son pays une position sociale enviée. Jusqu'à ce jour de septembre 2000 où tout bascule...
(16.50 euros, 162 p.) *ISBN : 978-2-296-96827-1*

L'HARMATTAN, ITALIA
Via Degli Artisti 15; 10124 Torino

L'HARMATTAN HONGRIE
Könyvesbolt ; Kossuth L. u. 14-16
1053 Budapest

ESPACE L'HARMATTAN KINSHASA
Faculté des Sciences sociales,
politiques et administratives
BP243, KIN XI
Université de Kinshasa

L'HARMATTAN CONGO
67, av. E. P. Lumumba
Bât. – Congo Pharmacie (Bib. Nat.)
BP2874 Brazzaville
harmattan.congo@yahoo.fr

L'HARMATTAN GUINÉE
Almamya Rue KA 028, en face du restaurant Le Cèdre
OKB agency BP 3470 Conakry
(00224) 60 20 85 08
harmattanguinee@yahoo.fr

L'HARMATTAN CAMEROUN
BP 11486
Face à la SNI, immeuble Don Bosco
Yaoundé
(00237) 99 76 61 66
harmattancam@yahoo.fr

L'HARMATTAN CÔTE D'IVOIRE
Résidence Karl / cité des arts
Abidjan-Cocody 03 BP 1588 Abidjan 03
(00225) 05 77 87 31
etien_nda@yahoo.fr

L'HARMATTAN MAURITANIE
Espace El Kettab du livre francophone
N° 472 avenue du Palais des Congrès
BP 316 Nouakchott
(00222) 63 25 980

L'HARMATTAN SÉNÉGAL
« Villa Rose », rue de Diourbel X G, Point E
BP 45034 Dakar FANN
(00221) 33 825 98 58 / 77 242 25 08
senharmattan@gmail.com

L'HARMATTAN TOGO
1771, Bd du 13 janvier
BP 414 Lomé
Tél : 00 228 2201792
gerry@taama.net

638533 - Janvier 2016
Achevé d'imprimer par

1livre.com
du rêve à la réalité !

www.ingramcontent.com/pod-product-compliance
Lightning Source LLC
LaVergne TN
LVHW051355061026
849535LV00009B/3191